目　次

前言 …… Ⅲ
引言 …… Ⅴ
1 范围 …… 1
2 规范性引用文件 …… 1
3 术语、定义和符号 …… 2
3.1 术语和定义 …… 2
3.2 符号 …… 3
4 基本规定 …… 4
4.1 一般规定 …… 4
4.2 崩塌分类 …… 5
4.3 防治工程等级 …… 5
4.4 设计原则 …… 6
5 荷载与计算 …… 7
5.1 荷载 …… 7
5.2 稳定性计算 …… 7
5.3 稳定性评价 …… 8
6 崩塌防治工程设计 …… 9
6.1 一般规定 …… 9
6.2 清除 …… 9
6.3 锚固 …… 10
6.4 防护网与拦石墙 …… 13
6.5 支撑与嵌补 …… 16
6.6 抗滑桩(键) …… 17
6.7 棚洞 …… 19
6.8 挡土墙 …… 22
6.9 挂网喷锚 …… 24
6.10 截、排水工程 …… 26
6.11 其他防护措施 …… 26
7 监测 …… 27
7.1 一般规定 …… 27
7.2 监测设计 …… 28
7.3 监测方法和监测数据处理 …… 30
7.4 监测期限及周期 …… 30
8 设计成果 …… 31
8.1 设计成果内容 …… 31

8.2 设计成果要求 …………………………………………………………………… 32
附录 A（规范性附录） 崩塌威胁设施重要性分类 …………………………………… 33
附录 B（规范性附录） 地震荷载计算 ………………………………………………… 34
附录 C（规范性附录） 岩质崩塌稳定性计算 ………………………………………… 35
附录 D（规范性附录） 锚杆选型 ……………………………………………………… 41
附录 E（规范性附录） 柔性防护网配置型号 ………………………………………… 42
附录 F（规范性附录） 拦石墙缓冲层厚度计算 ……………………………………… 44
附录 G（规范性附录） 危岩崩塌支撑柱(墙)反力计算 ……………………………… 45
附录 H（资料性附录） 崩塌落石冲击力及弹跳运动轨迹 …………………………… 48
附录 I（资料性附录） 棚洞结构受力计算 …………………………………………… 50
附录 J（资料性附录） 土质崩塌破坏模式与治理措施 ……………………………… 55
附:条文说明 ……………………………………………………………………………… 57

前 言

本规范按照 GB/T 1.1—2009《标准化工作导则　第 1 部分：标准的结构和编写》给出的规则起草。

本规范的附录 A、附录 B、附录 C、附录 D、附录 E、附录 F 和附录 G 为规范性附录；附录 H、附录 I 和附录 J 为资料性附录。

本规范由中国地质灾害防治工程行业协会（CAGHP）提出并归口。

本规范起草单位：中铁二院重庆勘察设计研究院有限责任公司、中国地质大学（武汉）、招商局重庆交通科研设计院有限公司、西北综合勘察设计研究院、贵州省地质环境监测院、中铁西北科学研究院有限公司及湖北鄂西地质基础工程有限公司。

本规范主要起草人：李正川、刘贵应、胡峰、谢晓林、周彬、王亮清、王万值、彭家贵、谭新平、刘科、柴贺军、罗炳佳、管宏新、李海平、郑静、戴玉、刘勇、黄波、徐海涛、王建松、葛云峰、王文涛、季学亮、吴胜、万军、王庆乐、石志龙、赵彪、朱要强、吴琼、戴俊魏、王正兵、董迪迪、赵志纯、刘强、杨敏、张国伟、杨小刚。

本规范由中国地质灾害防治工程行业协会负责解释。

引　言

为推动地质灾害防治工程行业健康发展，国土资源部发布了《国土资源部关于编制和修订地质灾害防治行业标准工作的公告》(国土资源部公告 2013 年第 12 号)，确定将《崩塌防治工程设计规范》纳入地质灾害防治行业标准，特制定本规范。

本规范是在收集和研究国内外崩塌灾害防治工程成熟的技术方法基础之上，经广泛调查研究，认真总结我国崩塌地质灾害防治的经验和教训，借鉴国内外有关标准的规定，充分吸收全国勘查设计单位在崩塌灾害防治工程勘查设计中的先进经验和成功做法编写而成。

本规范由范围，规范性引用文件，术语、定义和符号，基本规定(一般规定，崩塌分类，防治工程等级，设计原则)，荷载与计算，崩塌防治工程设计[主要包括：清除，锚固，防护网与拦石墙，支撑与嵌补，抗滑桩(键)，棚洞，挡土墙，挂网喷锚，截、排水工程及其他防护措施]，监测，设计成果等 8 章组成。

崩塌防治工程设计规范(试行)

1 范围

本规范规定了崩塌防治工程设计的一般原则、技术标准、计算方法、防治措施等。

本规范适用于岩质和土质崩塌防治工程设计。

本规范适用于因人身财产和环境保护及城镇规划等各种需要而进行的崩塌防治工程设计,对崩塌进行应急抢险工程设计可参照本规范执行。

2 规范性引用文件

下列文件中的条款通过本规范的引用而成为本规范的条款。凡是注日期的引用文件,其随后所有的修改单(不包括勘误的内容)或修订版均不适用于本规范。凡是未注日期的引用文件,其最新版本适用于本规范。

GB 50009 建筑结构荷载规范
GB 50011 建筑抗震设计规范
GB 50010 混凝土结构设计规范
GB 50003 砌体结构设计规范
GB 50330 建筑边坡工程技术规范
GB 50111 铁路工程抗震设计规范
GB 50204 混凝土结构工程施工质量验收规范
GB 50086 岩土锚杆与喷射混凝土支护工程技术规范
GB 50843 建筑边坡工程鉴定与加固技术规范
GB 50487 水利水电工程地质勘察规范
YB/T 5294 一般用途低碳钢丝
YB/T 5343 制绳用钢丝
GB/T 50476 混凝土结构耐久性设计规范
GB/T 706 热轧型钢
GB/T 14370 预应力筋用锚具、夹具和连接器
GB/T 912 碳素结构钢和低合金结构钢热轧薄钢板和钢带
JTG D70 公路隧道设计规范
JTG F80/1 公路工程质量检验评定标准 第一册 土建工程
SL 386 水利水电工程边坡设计规范
T/CAGHP 011—2018 崩塌防治工程勘查规范

3 术语、定义和符号

3.1 术语和定义

下列术语和定义适用于本规范。

3.1.1

崩塌 rock fall

陡坡或陡崖上的岩土体脱离母体下落的现象。

3.1.2

危岩 dangerous rocks

陡坡或陡崖上可能离开母体下落的地质体。

3.1.3

外倾结构面 extroverted structural planes

危岩体倾向坡外的结构面。

3.1.4

软弱结构面 weak structural planes

两壁较平滑、充填有一定厚度软弱物质且延伸较长的结构面。

3.1.5

滑移式崩塌 sliding rock fall

危岩沿光滑结构面或软弱面滑移，距离坡脚一定高度的坡面上滑移剪出，或土体沿坡顶最大张应力处张裂，于坡脚一定高度处剪出的现象。

3.1.6

倾倒式崩塌 toppling rock fall

危岩以垂直节理或裂隙与母体分开，以危岩底部的某一点为转点，发生转动性倾倒的现象。

3.1.7

坠落式崩塌 falling rock fall

危岩下方悬空或支撑承载力不足抵抗自重而以自由落体方式脱离母体的现象。

3.1.8

抗滑桩(键) anti-slide pile(tie)

穿过滑移式崩塌体伸入稳定岩体的桩柱，用以支挡滑体的滑动力，起稳定边坡的作用。抗滑键是埋在滑面附近的短桩柱，适用于加固厚层、巨厚层状岩质滑移式崩塌。

3.1.9

棚洞 shed tunnel

棚洞是为防止崩塌危及保护对象设置的一种构筑筒支顶棚架，并回填而成的洞身。

3.1.10

拦石墙 retaining wall against falling rocks

修建于崩塌源坡脚处平台，用于拦截崩塌落石块体的挡土墙，通常采用浆砌砌筑或混凝土浇筑。

3.1.11

喷射混凝土 shotcrete

利用压缩空气或其他动力，将按照一定配比拌制的混凝土混合物沿管路输送至喷头处，以较高速度垂直喷射于受喷面，依赖喷射过程中水泥与骨料的连续撞击，压密而形成的一种混凝土。

3.1.12

动态设计法 method of information design

根据信息法施工和施工勘查反馈的资料，对地质结论、设计参数及设计方案进行再验证，确认原设计条件有较大变化，及时补充、修改原设计的设计方法。

3.2 符号

3.2.1 作用与作用效应

G——危岩体自重力；
G_b——竖向附加荷载作用力；
Q——水平荷载作用力；
V——裂隙面水压力；
U——滑移面水压力；
R——支撑反力；
P——锚杆轴向力；
P_d——等效冲击作用力；
E_0——静止土压力；
E_a——主动土压力；
E_p——被动土压力。

3.2.2 材料性能和抗力

E_c——混凝土弹性模量；
E_s——钢筋弹性模量；
δ_s——钢筋抗剪断强度；
δ_c——混凝土抗剪断强度；
σ_k——崩塌体抗拉强度；
γ——岩土体重度；
c——岩土体黏聚力；
φ——岩土体内摩擦角；
c_s——外倾软弱结构面的黏聚力；
φ_s——外倾软弱结构面内摩擦角；
H_{tk}——锚杆水平拉力标准值。

3.2.3 几何参数

H——危岩体后缘裂隙上端到未贯通段下端的垂直距离；
h——危岩体后缘裂隙深度；
H_0——危岩体后缘潜在破坏面高度；
a——块体重心到基座顶面前缘的水平距离；
b——后缘裂隙延伸段下端到基座顶面前缘的水平距离；
β——危岩体后缘裂隙倾角；
α——危岩体与基座接触面倾角；

l——支撑体距离主控裂隙面在危岩底部出露点的水平距离；

A——锚杆杆体截面面积；

A_c——锚固体截面面积；

A_s——锚杆钢筋或预应力钢绞线截面面积；

A_{cs}——抗滑键扣除纵向钢筋截面面积；

l_a——锚杆锚固体与地层间的锚固段长度或锚筋与砂浆间的锚固长度。

3.2.4 计算参数

γ_0——防护结构重要性系数；

λ——侧压力系数；

K_a——主动岩、土压力系数；

K_0——静止土压力系数；

K_p——被动岩、土压力系数；

F_s——危岩体稳定系数；

F_{st}——危岩体稳定安全系数；

K——结构安全系数。

4 基本规定

4.1 一般规定

4.1.1 防治工程设计应综合考虑崩塌区工程地质条件、地形地貌、破坏类型、规模、稳定性及邻近建(构)筑物的分布情况、施工设备和施工季节等条件，因地制宜，合理设计。崩塌防护结构型式应考虑场地地质和环境条件、崩塌规模大小和失稳破坏模式以及工程安全等级等因素选定。

4.1.2 崩塌防治工程设计应搜集下列基础资料：

a) 崩塌防治工程设计所依据的勘查成果及监测资料。

b) 崩塌影响区的范围大小、区内的建(构)筑物分布及规划资料。

c) 施工条件、施工技术、设备性能和施工经验等资料。

d) 相应设计阶段的有关行政批复。

4.1.3 崩塌防治工程结构设计使用年限为50年，且不应低于被保护的建(构)筑物设计使用年限。

4.1.4 崩塌防治工程设计划分为可行性方案设计、初步设计和施工图设计3个阶段。对于规模小、地质条件清楚的崩塌，可简化设计阶段。

4.1.5 可行性方案设计：根据灾害评估或初勘报告、防治目标，对多种方案的技术、经济、社会和环境效益等进行论证；进行防治工程估算；提交可行性方案报告及设计附图册等。

4.1.6 初步设计：依据初勘或详勘报告，对推荐方案进行充分论证和试验；提出具体工程实现步骤和有关工程参数，进行结构设计；进行工程概算；提交初步设计报告及设计附图册等。

4.1.7 施工图设计：依据详勘报告，对初步设计确定的工程图进行细部设计；提出施工技术、施工组织和安全措施要求，满足工程施工和招投标要求，编制工程施工图件及说明；进行工程预算；提交施工图设计报告及设计附图册等。

4.1.8 应急抢险治理工程设计可简化4.1.5～4.1.7设计阶段，设计内容根据现场应急抢险治理需要综合确定。可采用临时刷方减载、临时排水隔水、临时支挡支撑、临时锚固、临时拦挡防护等措施。

有条件时，后期崩塌综合防治工程设计应利用应急抢险治理工程措施。

4.1.9 崩塌防治工程措施应与周边环境相协调，宜采用动态设计。

4.1.10 对于复杂、大型的崩塌防治工程应进行专项设计方案论证。

4.2 崩塌分类

4.2.1 崩塌按破坏方式主要分为滑移式崩塌、倾倒式崩塌及坠落式崩塌三大类，可参见表1。

表1 崩塌按破坏方式分类

崩塌类型	主要岩性	破坏方式
滑移式崩塌	多为软硬相间的岩层、黄土、黏土、坚硬岩层下伏软弱岩层	危岩体沿软弱面滑移，距离坡脚一定高度的坡面上滑移剪出；土体沿坡顶最大张应力处张裂，于坡脚一定高度处剪出
倾倒式崩塌	多为黄土、直立或陡倾的岩层	危岩体转动倾倒塌落
坠落式崩塌	多见于软硬相间的岩层	悬空或悬挑式岩(土)体拉断塌落

4.2.2 按崩塌破坏单体体积可分为小型危岩崩塌体、中型危岩崩塌体、大型危岩崩塌体和特大型危岩崩塌体，可参见表2。

表2 危岩崩塌单体按体积分类

危岩崩塌单体体积 V/m^3	$V\leqslant 1\ 000$	$1\ 000<V\leqslant 10\ 000$	$10\ 000<V\leqslant 10\times 10^4$	$V>10\times 10^4$
危岩崩塌单体类型	小型 危岩崩塌体	中型 危岩崩塌体	大型 危岩崩塌体	特大型 危岩崩塌体

4.2.3 按所处相对高度可分为低位崩塌、中位崩塌、高位崩塌、特高位崩塌，可参见表3。

表3 危岩体按所处相对高度分类

危岩体相对崖底高差 H/m	$H\leqslant 15$	$15<H\leqslant 50$	$50<H\leqslant 100$	$H>100$
危岩体崩塌类型	低位崩塌	中位崩塌	高位崩塌	特高位崩塌

4.2.4 按崩塌体的岩土性质可分为土质崩塌和岩质崩塌两类。

4.3 防治工程等级

4.3.1 崩塌防治工程等级应根据崩塌威胁对象按表4进行划分。

表4 崩塌防治工程等级划分

防治工程等级		特级	Ⅰ级	Ⅱ级	Ⅲ级
崩塌威胁对象	威胁人数/人	$\geqslant 5\ 000$	$\geqslant 500$ 且 $<5\ 000$	$\geqslant 100$ 且 <500	<100
	威胁设施的重要性	非常重要	重要	较重要	一般
注：表中只要满足1项即可按就高原则划分等级。					

4.3.2 崩塌威胁设施的重要性分类可按附录A确定。

4.3.3 长度较大或方向差异较大的崩塌防治工程等级应根据威胁对象重要性和威胁人数多少的差异分段划分。

4.4 设计原则

4.4.1 崩塌防治工程设计应符合下列原则:

a) 崩塌防治工程设计应遵循主动治理和被动防护相结合的原则。

b) 崩塌防治工程设计应与社会、经济和环境发展相适应,与城市规划和土地利用相结合。

c) 崩塌防治工程设计应进行方案比选、技术与经济论证,使工程达到安全可靠、经济合理。

d) 崩塌防治工程设计应在保证崩塌坡体处于稳定与安全基础上,同时考虑环境保护与景观需求。

4.4.2 崩塌防治技术分类

4.4.2.1 按照防治技术分类,可分为加固、拦截与引导、遮盖。

4.4.2.2 支撑与嵌补、抗滑桩(键)、挡土墙、锚杆(索)、挂网喷锚、裂隙灌浆等加固措施可结合使用。

4.4.2.3 拦石墙、防护网、防护林等拦截措施,主要终止崩塌运动或改变崩塌体运动轨迹,减轻灾害。

4.4.2.4 棚洞、明洞等遮盖措施,遮盖建筑需直接承受崩塌冲击荷载,要求有一定刚度和耗能结构,耗能结构吸收撞击能后便于修复更换。

4.4.2.5 崩塌防护结构常用型式可按表5选择。

表5 崩塌防护结构常用型式

防护结构类型	防护机理	适用危岩的特征	防护结构主要作用及要求
清除	主动去除	规模小、稳定性差的危岩体	采用人工或机械措施,将危岩体直接剥离母岩并进行无害化妥善处置。若清除施工扰动不会对下方保护对象造成危害时,应优先采用;但裂隙较发育,清除后易产生连锁失稳时不宜采用
支撑	主动加固	危岩体底部悬空存在较大凹岩腔	在凹岩腔中,利用支撑结构将上部危岩体的重力传力于稳定地基上
嵌补	主动加固	危岩体底部悬空存在较小凹岩腔	使用混凝土等材料充填和封闭凹腔防止凹腔风化而进一步扩大
锚固	主动加固	倾倒式、滑移式危岩体	用锚杆或锚索将危岩体与稳定的母岩连接在一起,约束其变形和位移
抗滑桩(键)	主动加固	滑移式危岩体	用混凝土桩体穿过危岩体的滑移面进而起到阻滑作用,滑面薄用键,滑面厚或间隔多层用桩
挂网喷锚	主动加固	陡崖整体稳定,表面破碎,有随机的落石	在易落石的陡崖面上用钢筋网片、喷射混凝土和短锚杆支护系统加固和封闭松动坡面,用于防止其形成的落石。在裂隙水不发育的硬质岩面上使用效果较好。城镇、景区等对环境视觉要求高的区域,应慎重使用
主动防护网	主动加固	陡崖整体稳定,表面破碎,有随机的落石	用柔性支承网覆盖于节理发育密集的坡面,并通过锚杆系统施加紧固力防止坡面松动产生落石下坠
被动防护网	被动抗御	陡崖整体稳定,有随机的零星落石	在崩塌落石源与保护对象之间设置的用于截停单个落石的拦石网系统,在陡崖下有缓坡地形时优先使用
拦石墙	被动抗御	陡崖整体基本稳定,可能有小规模崩塌形成落石群	在崩塌落石源与保护对象之间设置的抗落石冲击力较强,可截停并容纳较多落石的拦石构筑物,在陡崖下有缓坡宽敞地形设置落石槽时应优先使用
棚洞	被动抗御	陡崖高位危岩落石	在陡崖下方重要的公路、铁路等保护对象顶上设置的全封闭或半封闭防落石危害的自保性构筑物

4.4.3 崩塌防治工程的混凝土结构耐久性设计要求应符合现行国家标准《混凝土结构耐久性设计规范》(GB/T 50476)的规定。

4.4.4 对于特级崩塌防治工程应进行专项方案论证。

5 荷载与计算

5.1 荷载

5.1.1 崩塌防治工程设计荷载:

a) 危岩体自重。

b) 地表和地下水产生的荷载,包括裂隙水压力和渗透压力等。

c) 地震荷载:地震荷载计算参见附录 B。

d) 活动荷载:活动荷载按设计基准期为 50 年标准值计算,可参照《建筑结构荷载规范》(GB 50009)规范取值。

e) 崩塌体冲击荷载:冲击荷载计算参见附录 H。

f) 其他荷载。

5.1.2 荷载标准

崩塌防治工程暴雨强度重现期和地震荷载取值标准如表 6 所示。

表 6 崩塌防治工程暴雨强度重现期和地震荷载强度标准

崩塌防治工程等级	暴雨强度重现期/年		地震荷载(年超越概率 10 %)/年	
	设计	校核	设计	校核
特级	50	100	50	100
Ⅰ级	50	100	50	100
Ⅱ级	20	50		50
Ⅲ级	10	20		

注 1:暴雨强度按 10 年～100 年的重现期计。

注 2:地震荷载按 50 年～100 年超越荷载率的地震加速计。

5.1.3 设计工况

崩塌防治工程设计计算工况可分为现状工况、暴雨工况,地震烈度为Ⅶ度及以上时,应考虑地震工况。其中暴雨强度应根据防治工程等级选取,如表 6 所示。

现状工况:自重+裂隙水压力+工程荷载(活动荷载+其他荷载);

暴雨工况:自重+裂隙水压力+工程荷载(活动荷载+其他荷载);

地震工况:自重+裂隙水压力+工程荷载(活动荷载+其他荷载)+地震力。

一般工况指现状工况和暴雨工况,校核工况指地震工况。

5.2 稳定性计算

在进行崩塌体稳定性计算之前,应根据崩塌范围、规模、地质条件,崩塌体破坏模式及已经出现的崩塌路径,采用地质类比法对崩塌体的稳定性做出定性判断。

5.2.1 崩塌体岩土物理力学参数取值

物理力学参数可根据勘查报告,并采用试验法、反算法和经验数据类比等分析方法综合确定。

5.2.2 土质崩塌稳定性计算

对于滑移面为圆弧形的土质、破碎或较破碎软质岩崩塌体,稳定性可采用简化毕肖普法,具体计算参考《建筑边坡工程技术规范》(GB 50330)的要求;对于滑移面为折线形时稳定计算可参考传递系数法进行计算。

5.2.3 岩质崩塌稳定性计算

岩质崩塌稳定性计算参照附录C。对于复杂结构危岩体的稳定性计算要采用有限元方法进行计算评价。

5.3 稳定性评价

5.3.1 危岩安全系数取值

危岩稳定安全系数应根据崩塌防治工程等级和崩塌破坏类型按表7综合确定。

表7 危岩稳定安全系数 F_{st}

崩塌破坏类型	崩塌防治工程等级							
	特级		Ⅰ级		Ⅱ级		Ⅲ级	
	一般工况	校核工况	一般工况	校核工况	一般工况	校核工况	一般工况	校核工况
滑移式	1.40	1.15	1.40	1.15	1.30	1.10	1.20	1.05
倾倒式	1.50	1.20	1.50	1.20	1.40	1.15	1.30	1.10
坠落式	1.60	1.25	1.60	1.25	1.50	1.20	1.40	1.15
注:一般工况指天然工况和暴雨(融雪)工况,校核工况指地震工况。								

5.3.2 危岩体稳定性评价

根据危岩体计算的稳定性系数 F_s,按照表8进行稳定性评价。

表8 危岩体稳定性评价标准

崩塌类型	崩塌稳定状态			
	不稳定	欠稳定	基本稳定	稳定
滑移式崩塌	$F_s<1.0$	$1.00\leqslant F_s<1.15$	$1.15\leqslant F_s<F_{st}$	$F_s\geqslant F_{st}$
倾倒式崩塌	$F_s<1.0$	$1.00\leqslant F_s<1.25$	$1.25\leqslant F_s<F_{st}$	$F_s\geqslant F_{st}$
坠落式崩塌	$F_s<1.0$	$1.00\leqslant F_s<1.35$	$1.35\leqslant F_s<F_{st}$	$F_s\geqslant F_{st}$
注:表中 F_{st} 为崩塌防治工程设计安全系数,其取值方法见5.3.1。				

6 崩塌防治工程设计

6.1 一般规定

6.1.1 崩塌防治工程设计应做到安全适用、经济合理、技术先进，确保工程质量、提高工程效益，进而达到减免和防范崩塌地质灾害的目的。

6.1.2 应根据崩塌威胁区域的地形、地质、水文、气象、环境等，制定相应的安全施工技术和环境保护措施，确保施工安全和防止水土污染、流失。

6.1.3 崩塌防治工程设计措施应根据崩塌破坏模式选择。

6.1.3.1 滑移式崩塌宜采取清除、抗滑桩（键）、挡土墙、锚杆（索）等措施。

6.1.3.2 倾倒式崩塌宜采取清除、支撑与嵌补、上部锚杆（索）加固、封闭顶部裂隙等措施。

6.1.3.3 崩塌体易产生剥落破坏后坠落的，可采取浅层加固措施，如挂网喷浆与锚固，也可采取防护网、拦石墙等措施。

6.1.3.4 崩塌体易产生错落破坏后坠落的，可采取清除、支撑与嵌补、上部锚杆（索）加固等措施。

6.1.3.5 直接产生坠落破坏的，可采取岩腔嵌补与支撑。

6.1.3.6 崩塌体清除后应进行表面加固防护处理，不得形成次生灾害。

6.1.4 在有建（构）筑物的崩塌地区进行防治工程设计时，拟采用的工程措施不应危及建（构）筑物的安全和正常使用。其防治工程等级应不低于影响区范围内建（构）筑物的安全等级。

6.1.5 位于水库区或江河岸边的崩塌防治工程设计，应考虑水位变化对崩塌的影响以及防治工程对环境的影响。

6.1.6 崩塌防治工程设计应以地质勘查资料成果为依据，根据设计需要或发现勘查资料与实际不符时，应对崩塌体做稳定性复核验算。

6.1.7 崩塌防治工程设计应根据施工过程反馈的地质信息及施工监测数据及时调整设计措施及施工方案，做到动态设计、指导安全施工以满足信息化施工的要求。

6.1.8 滑移式崩塌应根据危岩体的完整性，可以采用抗滑桩（键）、锚杆和（或）预应力锚索等治理措施。当采用预应力锚索时，不应使它处于受剪状态。

6.2 清除

6.2.1 一般要求

6.2.1.1 当危岩体有清除条件时，可清除危岩体，但不得破坏母岩的稳定性。

6.2.1.2 土质崩塌坡体有放坡条件，且无不良地质时，宜尽量采取放缓坡率法提高崩塌体整体稳定性。

6.2.1.3 对危岩单体及孤石清除应按从上而下顺序，尽量采用人工撬除或机械破碎清除。

6.2.1.4 对土质崩塌体高度大于 10 m、岩质崩塌体高度大于 15 m 的高陡崩塌体，需分级放坡时，可参考《建筑边坡工程技术规范》(GB 50330)中的表 14.2.1、表 14.2.2 选取坡率。

6.2.1.5 崩塌体清除放坡后，为防止风化剥落，可采取各类护坡或防护工程进行防护。

6.2.2 施工技术要求

6.2.2.1 放缓坡率应按照设计坡率进行，避免超挖或开挖不到位，开挖施工自上而下有序进行，预先设置有效的防护处置措施，保证弃土、弃渣、滚石等不造成次生灾害。

6.2.2.2 爆破清除施工应编制专项方案,宜采用静态爆破、控制爆破等弱爆破措施,防止对整体边坡或母岩稳定造成不利影响。

6.2.2.3 危岩清除应先清除崩塌体坡面浮石、浮土后,从上至下、由外向内逐层清除。当有危及下方过往车辆与行人、建(构)筑物等安全隐患时,应事先采取防护、警示、警戒等措施,确保施工安全。

6.2.2.4 清除施工质量检验,主要内容应包括核实放坡坡率是否满足设计要求、检查是否存在产生次生灾害的软弱层、滑动面、不利结构面等。

6.2.2.5 崩塌清除过程中应有监控,并加强施工监测。

6.2.2.6 对清除开挖形成坡面应及时进行防护和排水处理。

6.2.2.7 清除后的弃渣应运至指定弃渣场,严禁乱弃乱放,影响安全和环境。

6.3 锚固

6.3.1 一般要求

6.3.1.1 锚固主要指采用锚杆或锚索加固,锚杆适用于倾倒式及浅表层滑移式崩塌,锚索适用于大型滑移式崩塌。

6.3.1.2 当采用锚杆(索)时,应充分考虑锚杆(索)的特性、锚杆(索)与被锚固结构体系的稳定性、经济性以及施工可行性。

6.3.1.3 锚杆(索)设计使用年限应与所服务的工程设计使用年限相同,其防腐等级见《混凝土结构耐久性设计规范》(GB/T 50476)规范要求。

6.3.1.4 对于较破碎的岩质崩塌体及土质崩塌体,当采用锚杆(索)时,应与格构梁或肋柱配合使用;对于完整性好的岩质崩塌体,可采用单锚。

6.3.1.5 下列情况宜采用预应力锚杆(索):

a) 崩塌体变形控制要求严格时。

b) 崩塌体在施工期稳定性差时。

c) 高度较大的土质及岩质崩塌体采用锚杆支护时。

6.3.1.6 对特殊条件下专项设计的预应力锚杆,必须在充分调查研究和必需的试验基础上进行设计。

6.3.2 设计计算

6.3.2.1 作用于锚杆(索)结构物上的荷载有:水压力、下滑力(对滑移式崩塌)、地震力及其他荷载等。

6.3.2.2 锚杆(索)设计计算可参照《建筑边坡工程技术规范》(GB 50330)规范中的有关条款及附录D要求进行。

6.3.2.3 对于较破碎的岩质崩塌体及土质崩塌体,当采用锚杆(索)与格构梁或肋柱配合使用时,应对竖向格构梁或肋柱的基础进行验算。

6.3.3 构造设计

6.3.3.1 预应力锚杆(索)总长度应为锚固段、自由段和外锚段的长度之和,并应满足下列要求:

a) 锚杆(索)自由段长度按外锚头到潜在滑裂面的长度计算;预应力锚杆自由段长度应不小于5 m,且应超过潜在滑裂面不小于1.5 m。

b) 锚杆(索)锚固段长度应根据设计计算确定。当锚固段位于土层,其长度不应小于4 m,且不宜大于 10 m；当锚固段位于岩层时，锚杆锚固段长度不应小于 3 m，且不宜大于 45D 和 6.5 m，预应力锚索锚固段长度不宜大于 55D 和 8 m。

6.3.3.2 钻孔内锚杆钢筋面积不超过钻孔面积的 20 %；钻孔内预应力钢绞线面积不超过钻孔面积的 15 %。

6.3.3.3 锚杆(索)锚固段上的覆土层厚度不宜小于 4.5 m。

6.3.3.4 锚杆(索)的倾角宜采用 15°～30°，且不得对临近既有建筑物造成影响。

6.3.3.5 锚杆垂直间距、水平间距应根据锚杆设计拉力来确定，且不宜小于 2.0 m；当锚杆间距小于 2.0 m，锚杆应采用长短相间的方式布置。

6.3.3.6 锚杆(索)保护层厚度，对于永久锚杆(索)不应小于 25 mm；对临时锚杆(索)不应小于 15 mm。

6.3.3.7 位于无腐蚀性岩土层内的锚固段，锚杆钢筋的水泥浆或水泥砂浆保护层厚度应不小于 25 mm；位于腐蚀性岩土层内的锚固段，应采取特殊防腐蚀处理，且水泥浆或水泥砂浆保护层厚度不应小于 50 mm。

6.3.3.8 锚杆沿轴线方向每隔 1 m～3 m 设置一个隔离架，对土层应取小值，对岩层可取大值。

6.3.3.9 水泥宜使用普通硅酸盐水泥，浆体配制的灰砂比宜为 0.80～1.50，水灰比宜为 0.38～0.50；浆体材料 28 d 的无侧限抗压强度，不应低于 25 MPa。

6.3.3.10 锚杆(索)与格构梁或肋柱配合使用时，应将竖向格构梁或肋柱的基础置于稳定地层内。

6.3.3.11 对于地层和被锚固结构位移控制要求较高的工程，预应力锚杆(索)的初始应力(锁定拉力)值宜为锚杆(索)拉力设计值；对于地层和被锚固结构位移控制要求较低的工程，预应力锚杆(索)的初始应力(锁定拉力)值宜为锚杆(索)拉力设计值的 75 %～90 %。

6.3.3.12 预应力锚杆(索)应进行封锚，锚具应符合下列规定：

a) 预应力筋用锚具、夹具和连接器性能均应符合《预应力筋用锚具、夹具和连接器》(GB/T 14370)的有关规定。

b) 预应力锚具的锚固效率应至少发挥预应力杆体极限抗拉力的 95 %以上，达到实测极限拉力时，总应变应小于 2 %。

c) 锚具应具有补偿张拉和松弛的功能，需要时可采用可以调节拉力的锚具。

d) 锚具罩应采用钢材或塑料材料制作加工，需完全罩住锚杆头和预应力筋的尾端，与支承面的接缝应为水密性接缝。

6.3.4 施工技术要求

6.3.4.1 锚杆(索)施工前应做好下列准备工作：

a) 施工前应调查施工区建(构)筑物基础、地下管线等，判断锚杆施工对崩塌体、临近建筑物和地下管线的不良影响，并制定相应预防措施。

b) 对较高的崩塌体，为确保施工安全应单独编制脚手架施工组织设计。

c) 编制符合锚杆设计要求的施工组织设计；并应检验锚杆制作工艺和张拉锁定方法与设备；确定锚杆注浆工艺并标定张拉设备。

d) 应检查原材料的品种、质量和规格型号，以及相应的检验报告。

6.3.4.2 锚孔施工应符合下列规定：

a) 锚孔定位偏差不宜大于 20.0 mm。

b) 锚孔偏斜度不应大于 2 %。

c） 钻孔深度超过锚杆设计长度不应小于 0.5 m。

6.3.4.3 钻孔机械应考虑钻孔通过的岩土类型、成孔条件、锚固类型、锚杆长度、施工现场环境、地形条件、经济性和施工速度等因素进行选择。在不稳定的崩塌体或当锚固段岩体破碎、渗水量大时，应采用套管护壁钻孔、干钻或固结灌浆处理。

6.3.4.4 锚杆(索)的灌浆应符合下列规定：

a） 灌浆前应清孔，排放孔内积水。

b） 注浆管宜与锚杆同时放入孔内；注浆管应插入距孔底 100 mm～300 mm 处，使浆液自下而上连续灌注；向上倾斜的钻孔内注浆时，应在孔口设置密封装置。

c） 根据岩体完整程度和设计要求确定灌浆方法和压力，确保钻孔灌浆饱满和浆体密实。

d） 浆体强度检验用试块的数量每 30 根锚杆不应少于一组，每组试块不应少于 6 个。

6.3.4.5 预应力锚杆(索)的张拉与锁定应符合下列规定：

a） 锚杆(索)张拉宜在锚固体强度大于 20 MPa 并达到设计强度的 80 %后进行。

b） 锚杆(索)张拉顺序应避免相近锚杆相互影响。

c） 锚杆(索)张拉宜按锚杆设计预应力值 1.05～1.10 倍进行超张拉，预应力保留值应满足设计要求。

d） 锚索不宜单束张拉，应整束张拉。

6.3.4.6 锚杆拉拔试验应符合下列规定：

a） 锚杆拉拔应采用循环加、卸荷法，每级荷载施加或卸除完毕后，应立即测读变形量。

b） 在每级加荷等级观测时间内，测读位移不应少于 3 次，每级荷载稳定标准为 3 次百分表读数的累计变位量不超过 0.10 mm；稳定后即可加下Ⅰ级荷载。

c） 在每级卸荷时间内，应测读锚头位移 2 次，荷载全部卸除后，再测读 2～3 次。

d） 加、卸荷等级、位移观测间隔时间宜按表 9 确定。

表 9 锚杆拉拔试验循环加、卸荷法等级与位移观测间隔时间

加荷标准循环数	预估破坏荷载的百分数/%												
	每级加载量						累计加载量	每级卸载量					
第一循环	10	20	20				50				20	20	10
第二循环	10	20	20	20			70			20	20	20	10
第三循环	10	20	20	20	20		90		20	20	20	20	10
第四循环	10	20	20	20	20	10	100	10	20	20	20	20	10
观察时间/min	5	5	5	5	5	5		5	5	5	5	5	5

e） 锚杆试验出现下列情况之一时可视为破坏，应终止加载：

1） 锚头位移不收敛，锚固体从岩土层中拔出或锚杆从锚固体中拔出。

2） 锚头总位移超过设计允许值。

3） 土层锚杆试验后Ⅰ级荷载产生的锚头位移增量，超过上Ⅰ级荷载位移增量的 2 倍。

f） 试验完毕后，应根据试验数据绘制：荷载-位移($Q-s$)曲线、荷载-弹性位移($Q-\hat{s}_e$)曲线、荷载-塑性位移($Q-\hat{s}_p$)曲线。

g) 拉力型锚杆弹性变形在最大试验荷载作用下,所测得的弹性位移量应超过该荷载下杆体自由段理论弹性伸长值的 80 %,且小于杆体自由段长度与 1/2 锚固段之和的理论弹性伸长值。

h) 锚杆极限承载力标准值取破坏荷载前Ⅰ级的荷载值;在最大试验荷载下未达到规定的破坏标准时,锚杆极限承载力取最大试验荷载值为标准值。

i) 当锚杆试验数量为 3 根,各根极限承载力值的最大差值小于 30 %时,取最小作为锚杆的极限承载力标准值;若最大差值超过 30 %时,应增加试验数量,按 95 %的保障概率计算锚杆极限承载力标准值。

6.4 防护网与拦石墙

6.4.1 一般要求

6.4.1.1 防护网按结构形式、防护功能和作用方式不同分为主动防护网和被动防护网。主动防护网适用于崩塌体整体稳定,浅表层危岩体发育的情况;被动防护网适用于保护对象上方有小型高位崩塌危岩,且危岩、孤石分散难以清除。

6.4.1.2 拦石墙适用于坡度小于 25°~35°,且地表有一定宽度平台地段的中、小型崩塌。拦石墙的布置应根据地形、地质条件、落石运动路径和施工条件综合考虑。

6.4.1.3 防护网设计选型应根据崩塌类型、规模、地质环境条件、地形因素及危岩落石分布等综合确定。

6.4.1.4 防护网按特征构成分为钢丝绳网、钢丝格栅、高强度钢丝格栅。

6.4.1.5 被动防护网是由钢丝绳网或环形网、固定系统、减压环和钢柱构成。其防护能量一般为 150 kJ~2 000 kJ,特殊情况能高达 5 000 kJ。

6.4.1.6 危岩体局部崩塌将加速母岩风化破坏的岩石边坡宜采用加固防护系统,不宜单独采用主动柔性防护系统。

6.4.1.7 危岩体整体性较差且表面无大量植被时,宜采用主动加固防护措施,不宜采用柔性防护系统。

6.4.1.8 坡面平缓顺直或坡面具有较好缓冲消能特性(如覆盖层、灌木),宜优先采用被动防护系统。

6.4.1.9 上陡下缓边坡或者坡脚有宽平台可采用被动网或拦石墙,直立或倒悬高边坡宜采用主动加固外并结合落石弹跳特性采用被动防护网相结合。

6.4.1.10 坡脚狭窄带防护区上方有直立高陡边坡,宜设置倾斜向下的被动防护系统,形成柔性棚洞结构型式。

6.4.1.11 拦石墙主要有桩板拦石墙和重力式拦石墙两种。桩板拦石墙由桩、板、加筋土体及防护(撞)栏组成,桩间板可为预制槽型板,桩、板后部的土堤为加筋土体。拦石墙内侧应设置落石槽,槽底设置排水盲沟。

6.4.1.12 拦石墙高度一般不宜大于 8 m。拦石墙受冲击侧须填筑缓冲层,应分层填筑,压实度不小于 85 %,并应保证自身稳定,必要时可用加筋土,表面可用片石护坡,填筑墙背缓冲堤时,应保证排水畅通,墙背不得积水。

6.4.2 设计计算

6.4.2.1 主动防护网设计应根据边坡类型、落石分布范围、尺寸大小等按附录 E 中的表 E.1 进行结构配置和防护功能选型。

6.4.2.2 被动防护网设计应根据落石直径、能级大小及落石高度综合确定，可按附录E中的表E.2进行结构配置和防护功能选型。被动防护系统高度为计算最大弹跳高度加1 m安全储备。

6.4.2.3 拦石墙强度和稳定性计算可采用静力和落石冲击动力分别计算，安全系数按表10取值。

表10 拦石墙稳定安全系数(F_{st})值

计算条件	抗倾覆	抗滑移
按墙后覆填物及填塞物对拦石墙产生的侧压力(静力计算)	1.5	1.3
按坠落岩块的冲击荷载(动力计算)	1.2	1.2

6.4.2.4 拦石墙设在中、小型崩塌地段时，按最不利荷载组合进行设计，滑动稳定和倾覆稳定安全系数均采用1.05；地基容许应力可提高20 %。

6.4.2.5 拦石墙设计按荷载最不利组合进行强度和稳定性检算时，应同时考虑以下两个因素：

a) 坠落岩块的冲击荷载，冲击荷载可参考附录H计算。

b) 墙后落石空槽被填塞物堆积到岩块理论冲击中心时产生的侧压力。

6.4.2.6 拦石墙顶设计高程应根据落石槽底地面高程，加槽内落石的弹跳高度，加安全高度确定。安全高度按特级、Ⅰ级、Ⅱ级、Ⅲ级工程分别取0.8 m、0.6 m、0.4 m、0.2 m。拦石墙缓冲层厚度参照附录F计算。

6.4.3 构造要求

6.4.3.1 钢丝绳应符合《制绳用钢丝》(YB/T 5343)规定要求，钢丝绳热镀锌等级应不低于AB级，其公称抗拉强度不小于1 770 MPa，最小断裂拉力不小于40 kN(ϕ8 mm钢丝绳)或不小于20 kN(ϕ6 mm钢丝绳)。

6.4.3.2 钢丝格栅编织钢丝应符合《一般用途低碳钢丝》(YB/T 5294)规定，热镀锌等级应不低于AB级，其中高强度钢丝格栅可采用重量不低于150 g/m^{2}的锌铝合金镀层处理。

6.4.3.3 搭接件一般采用普通软纯铝管，长度不小于35 cm，外径不大于3 cm，壁厚不小于3 mm。

6.4.3.4 扣压件厚度不小于2 mm，并采用镀锌处理，镀锌层厚度不小于8 μm。

6.4.3.5 钢丝绳网的编制应满足以下要求：

a) 上下交错编织。

b) 编制成网的钢丝绳不得有断丝、脱丝现象。

c) 交叉节点处用扣压件固定，接头处用搭接件压接，不得遗漏，钢绳露出搭接件长度至少为10 mm。

d) 编网时扣压件和搭接件用机械压接，表面不得有破裂和明显损伤。

e) 网的形状平整，网绳不得有打结和明显扭曲现象。

6.4.3.6 编网用压扣件的材质、结构尺寸和压接工艺应保证其拉滑力(抗错动力)不小于5 kN，拉脱落力不小于10 kN。

6.4.3.7 被动网系统钢柱不同高度采用不同规格的工字钢(或H型钢)加工而成，如表11所示。

表 11 不同高度的钢柱的型号

系统钢柱高度/m	2	3	4	5	6	7
工字钢型号	16	16	18	20b	22b	22b
注 1：工字钢的尺寸、外型、重量及允许偏差应符合《热轧型钢》(GB/T 706)的各项技术要求。 注 2：对于 H 型钢，其抗弯强度指标应不低于相应的工字钢。						

6.4.3.8 钢柱表面一般采用热镀锌处理，镀锌层厚度不小于 8 μm。

6.4.3.9 减压器(环)用热轧钢板符合《碳素结构钢和低合金结构钢热轧薄钢板和钢带》(GB/T 912)的技术要求，表面镀锌防锈，镀锌层厚度不小于 8 μm。

6.4.3.10 缝合绳宜选用不小于 ϕ8 钢丝绳；钢丝绳应满足《制绳用钢丝》(YB/T 5343)的相关要求。

6.4.3.11 横向支撑绳宜选用不小于 ϕ16 钢丝绳，纵向支撑绳宜选用不小于 ϕ12 钢丝绳，设置双层钢丝绳网的区域纵横支撑绳均不小于 ϕ16 钢丝绳。

6.4.3.12 钢丝绳系统锚杆宜选用双股形式的不小于 ϕ16 钢丝绳锚杆，其长度应不小于 2 m；主动防护系统随机锚杆采用带弯钩的钢筋锚杆或双股钢丝绳锚杆，锚杆直径不小于 ϕ12，随机锚杆锚固深度不宜小于 1.0 m，设在支撑绳随机锚杆埋设深度不宜小于 1.5 m。

6.4.3.13 主动防护网锚杆长度不宜大于 3 m，抗拔力一般按 50 kN 设计，钢丝绳锚杆纵横向间距，正方形布置时为 4.0 m～4.5 m，梅花形布置时为 3.0 m～4.0 m。

6.4.3.14 被动防护系统设置必须在拟设位置落石最大弹跳高度基础上增加 1.0 m 安全高度，系统高度一般不小于 3.0 m，系统高度宜以 1.0 m 为单位增减。

6.4.3.15 被动防护系统钢柱间距宜为 8 m～12 m，不应小于 6 m，不得大于 15 m。

6.4.3.16 拦石墙及被动防护网纵向设计范围，应延伸至保护区段范围以外 10 m～15 m，主动网防护区域应超出治理区域边界外 2 m，确保系统受力最大的上沿锚杆锚入稳定基岩。

6.4.3.17 当拦石墙及被动防护网不便拉通布置时，可分段布置，两段间重叠距离不得小于 5 m，且不小于两段间距离，但不大于 10 m。

6.4.4 施工及质量检验

6.4.4.1 防护网及拦石墙施工前应清除崩塌坡面的浮土、孤石、危石，做好施工临时安全防护措施，确保施工过程安全。

6.4.4.2 主动防护系统安装应该紧贴坡面，悬空区域面积不能超过 5 m^2，不能满足要求时应增设随机锚杆数量。

6.4.4.3 确保施工安装时支撑绳能张拉绷紧，每段横向支撑绳布设长度一般不超过 30 m，每段纵向支撑绳的布设长度一般不超过 40 m。

6.4.4.4 支撑绳安装时，先将支撑绳一端用绳卡锁定在端头锚杆上，用另一端逐一穿入锚杆孔中，在穿过另一端的锚杆后，把支撑绳沿穿进方向折回，用绳卡将安装端钢丝绳作出一个套环，然后用不小于 1 t 的张拉器两头分别拉住支撑绳端套环和相邻的锚杆，通过张拉器的收紧，在支撑绳张紧之后，用绳卡将活动端与安装端进行锁定即可。

6.4.4.5 防护网铺装应沿坡面从上而下，先将其上边口固定于最顶部的横向支撑绳或锚杆上，然后顺坡铺展开。

6.4.4.6 基岩较完整时，钢柱基座可直接用锚杆锚固在基岩内，锚孔深度不小于 1 m，基础顶面用薄层 C25 混凝土或 M20 水泥砂浆抹平；当岩石风化比较严重或覆盖层较厚时，采取开挖基坑用混凝土浇注基座，基坑尺寸一般不小于 0.6 m×0.8 m×1.0 m，必须采用人工开挖基坑，禁止采用爆破作业。

6.4.4.7 被动防护系统锚杆锚固位置岩石风化严重时，应采用混凝土锚固，系统锚杆在其长度范围内应完全锚固，混凝土断面尺寸不小于 0.4 m×0.4 m，体积不小于 1 m^3。在混凝土浇注前需用水将基坑边壁进行润湿。

6.4.4.8 防护网起吊后，先横向调节好网片安装位置，从一端开始逐一向另一端进行缝合，直至所有防护网连成一个整体。

6.4.4.9 原材料质量检验应包括以下内容：

a) 原材料供应商的质检资料及出厂合格证。

b) 材料现场抽检包括力学性能检验、钢丝表面镀锌检验、减压环检验等。

6.4.4.10 施工质量验收检验：

a) 工程原材料、半成品、系统材料以及施工工艺符合基本准入要求，才能对其进行检验评定。

b) 检验评定必须先按照基本要求进行检查，不符合要求时，不对工程进行质量检验评定。通常应包括所有系统材料、半成品和材料的质量检验报告。对于锚杆锚固砂浆强度、钢柱基础混凝土强度检查项目，参照《公路工程质量检验评定标准 第一册 土建工程》(JTG F80/1)执行。

6.5 支撑与嵌补

6.5.1 一般要求

6.5.1.1 支撑适应于底部悬空或空腔较大的倾倒、坠落式崩塌体；嵌补适用于底部有小空腔倾倒、坠落式崩塌体，补强和封闭空腔防止继续风化。

6.5.1.2 支撑方案应结合锚固措施进行加固处理，当崩塌体底部出现比较明显的岩腔等情况时，宜采用嵌补措施进行防治。

6.5.1.3 支撑结构、嵌补基础必须置于稳定地基上，地基承载力必须满足结构要求。

6.5.1.4 支撑结构一般可采用墙、柱、墩等形式，结构自身应稳定并满足刚度和强度要求。

6.5.1.5 当支撑、嵌补基底存在软弱层时，应进行加固处理。

6.5.2 设计计算

支撑柱(墙)计算参见附录 G。

6.5.3 构造要求

6.5.3.1 支撑、嵌补体可采用浆砌片石或条石、混凝土、片石混凝土、钢筋混凝土等。砂浆强度等级不应低于 M10；混凝土强度等级应根据结构承载力和所处环境类别确定，素混凝土强度等级不宜低于 C20，钢筋混凝土强度等级不宜低于 C25；片石、条石强度等级不低于 MU30。

6.5.3.2 嵌补体基底宜做成逆坡，逆坡坡率不小于 5 %。

6.5.3.3 嵌补体地基表面纵坡大于 5 %时，应将基底设计成台阶式，其最下Ⅰ级台阶宽度不宜小于 1.0 m。

6.5.3.4 与支撑、嵌补体接触的崩塌体应凿平，确保支撑、嵌补体与崩塌体充分接触。

6.5.3.5 嵌补墙的伸缩缝间距，对浆砌片石、块石墙宜为 10 m～15 m，对混凝土墙宜为 20 m～25 m。在墙高突变处应设置伸缩缝，在地基岩土性状变化处应设置沉降缝。伸缩缝或沉降缝缝宽均采用 20 mm～30 mm，缝中填沥青麻筋、沥青木板或其他有弹性的防水材料，沿内、外、顶三方填塞，深度不小于 150 mm。

6.5.3.6 嵌补墙在地面线以上宜根据渗水情况每隔 2 m～3 m 交错设置泄水孔。

6.5.3.7 支撑墩、柱截面尺寸应满足强度和抗裂要求，受力主筋混凝土保护层不应小于 50 mm。

6.5.3.8 支撑墩、柱应根据其受力特点进行配筋设计，其配筋率、钢筋搭接和锚固应符合现行国家标准《混凝土结构设计规范》(GB 50010)的有关规定。

6.5.4 施工技术要求

6.5.4.1 施工时应清除岩腔内填土、树根、浮石等杂物及风化岩体。

6.5.4.2 浆砌片石、条石支撑、嵌补墙施工所用砂浆应采用机械拌合。片石、条石表面应清洗干净，砂浆填塞应饱满、严禁干砌。

6.5.4.3 浆砌片石、条石支撑、嵌补墙的施工所用石材的上下面应尽可能平整，外露面应采用比砌筑体砂浆高Ⅰ级的砂浆等级勾缝。

6.5.4.4 支撑、嵌补体顶部膨胀混凝土必须捣实，使其与岩面紧密接触。

6.5.4.5 支撑、嵌补结构的设置位置、外观尺寸、基底平整度、软弱层加固位置应符合设计要求。

6.5.4.6 泄水孔设置位置、布置形式、尺寸、数量，伸缩缝的设置位置、缝宽应符合设计要求。

6.5.4.7 混凝土墩、柱完整性、强度等级，地基承载力应符合设计要求。

6.6 抗滑桩(键)

6.6.1 一般要求

6.6.1.1 抗滑桩适用于中、大型滑移式崩塌；抗滑键适用于岩体完整性较好、厚层—巨厚层状硬质岩滑移式崩塌。

6.6.1.2 抗滑桩(键)的设置应满足下列要求：

a) 保证崩塌体不从桩(键)顶和桩(键)间剪出。

b) 抗滑桩(键)自身具有足够的刚度及强度。

c) 设置抗滑桩(键)后崩滑体不产生深层滑移，不引发次生灾害。

6.6.1.3 抗滑桩(键)平面布置、桩间距、桩长、布置方式和截面形式及尺寸等应考虑崩塌体特征与推力大小综合确定。

6.6.1.4 抗滑桩(键)布设于崩塌前缘时，桩(键)与崩塌体间应设置稳定有效的支撑措施，保证桩(键)与崩塌体间连接紧密，提高桩(键)周围岩土体抗剪强度。

6.6.1.5 抗滑键可采用矩形、圆形等多种截面形式。布设方式可采用排桩式、梅花形、矩形方式布设。

6.6.2 设计计算

6.6.2.1 抗滑桩应按受弯和受剪构件计算，抗滑键应按受剪构件计算。

6.6.2.2 布设多排抗滑键时，可按照等效为一排抗滑键方式计算。岩体完整性较好，抗滑键施工连续，且间隔时间较短时，亦可按照崩塌体下滑力由抗滑键平均承担方式考虑。

6.6.2.3 抗滑桩桩身内力计算时，临空段或滑面以上部分桩身内力，应根据岩土侧压力或下滑力计算；抗滑桩嵌固段桩身的内力应根据潜在滑面处的桩截面弯矩和剪力，采用地基系数法进行计算。

6.6.2.4 桩底支撑一般采用自由端、铰支端。根据岩土条件，可采用"m"法或"k"法，嵌固段地层为土体或破碎岩土时，可按"m"法计算；嵌固段地层为完整、较完整或较破碎的岩体时，可按"k"法计算。地基系数 k 和 m 值宜根据试验资料、地方经验和工程地质类比综合确定。

6.6.2.5 抗滑键截面强度应满足下式要求：

$$\gamma_0 K T \leqslant n (A_s\delta_s + A_c\delta_c) / 1\,000 \quad \cdots\cdots (1)$$

式中：

T——崩滑体沿滑动面下滑力，单位为千牛(kN)；

γ_0——结构重要性系数(根据防治工程等级确定，特级和Ⅰ级取 1.1，Ⅱ级取 1.0，Ⅲ级取 0.9)；

K——安全系数(崩滑体沿滑动面下滑力计算已考虑安全系数时，K 值取 1.0)；

n——设计抗滑键数量；

A_s——抗滑键纵向钢筋截面积，单位为平方毫米(mm^2)；

δ_s——钢筋抗剪强度，单位为牛每平方毫米(N/mm^2)(注：钢筋抗剪强度可取抗拉强度，抗拉强度设计值超过 360 N/mm^2 时，抗剪强度设计值取 360 N/mm^2)；

A_c——抗滑键扣除纵向钢筋截面积，单位为平方毫米(mm^2)；

δ_c——混凝土抗剪断强度，单位为牛每平方毫米(N/mm^2)。

6.6.3 构造要求

6.6.3.1 抗滑桩(键)混凝土强度等级不应小于 C30，受力钢筋宜采用 HRB400 级，有地下水或环境有侵蚀时，应按有关规定采用防腐措施。

6.6.3.2 抗滑桩(键)纵向受力钢筋直径不应小于 16 mm，净距不应小于 50 mm。当用束筋时，净距不小于 80 mm，每束不应多于 3 根。配置单排钢筋有困难时，可设置 2 排或 3 排，排间净距不应小于 80 mm。

6.6.3.3 受力钢筋的混凝土保护层厚度，当有混凝土护壁时，不应小于 50 mm；无混凝土护壁时，不应小于 70 mm。

6.6.3.4 抗滑桩箍筋的直径、肢数和间距由计算确定，肢数不宜多于 4 肢；抗滑键应根据构造要求配置箍筋；箍筋直径不宜小于 10 mm，间距不应大于 300 mm，并宜用封闭箍。采用多肢箍时，最外侧箍筋应按抗扭封闭箍设置。

6.6.3.5 抗滑桩纵向受力钢筋应用机械连接接头；同一钢筋宜少接头，相邻钢筋接头位置应错开。在连接区段长度 $35d$(搭接接头为 1.3 倍搭接长度，d 为纵向受拉钢筋直径)内，钢筋接头率面积百分率，对纵向受拉钢筋接头不应大于 50 %；对纵向受压钢筋，应避免在滑移型崩塌滑带附近设置钢筋连接区段。

6.6.3.6 桩受拉一侧纵向受拉钢筋的最小配筋百分率不应小于 0.2 和 $45f_t/f_r$ 中的较大值(f_t 为混凝土轴心抗拉强度设计值；f_r 为钢筋抗拉强度设计值)。

6.6.3.7 抗滑键在滑面上下盘坚固岩体内的嵌固深度均不应小于 2 倍桩径 D(圆形截面为桩径 D，矩形截面时桩径 D 采用宽 B 高 H 之间的较大值)，且不应小于 3 m；抗滑键上部空孔采用低标号混凝土进行封填。

6.6.3.8 抗滑桩设置于岩层地基时，其锚固段长度不得小于总桩长的 1/4；土质地基时其锚固段长度不得小于总桩长的 1/3。

6.6.4 施工及质量检验

6.6.4.1 抗滑桩(键)施工前应编制完善合理的施工组织设计或专项施工方案。应根据桩型、深度、地质情况、环境条件等因素选择合适的施工工艺。对稳定性较差的崩塌抗滑桩(键),应进行施工过程中各阶段的稳定分析和验算工作。

6.6.4.2 抗滑桩(键)施工应采用信息化施工方法,设计采用动态化设计。

6.6.4.3 抗滑桩(键)施工应分段间隔实施,宜从两端向中部方向进行。

6.6.4.4 灌注桩身混凝土时宜采用串筒或溜管,串筒或溜管距离混凝土灌注面高度不宜大于2.0 m;也可采用导管泵送混凝土。混凝土应垂直灌入桩孔内,并连续灌注,利用混凝土的大坍落度和下冲击力使其密实。桩顶5 m以内混凝土应分层振捣密实。

6.6.4.5 抗滑桩(键)质量检验应包括:桩身原材料检验、成孔检验、成桩检验。桩身质量应满足以下表12要求。

表12 抗滑桩(键)桩身质量检验要求

序号	检查项目	允许偏差	检查方法
1	桩位	≤1/4桩径或宽度,且≤100 mm	检查桩(键)中心
2	孔深	+300 mm 0	实测
3	混凝土强度	设计要求	试件报告或钻芯取样检测
4	纵向倾斜度偏差	<1.0 %	实测
5	抗滑桩(键)截面长轴方向偏差	<1.5°	实测
6	桩顶高程	+30 mm −50 mm	实测

6.6.4.6 抗滑桩(键)每50 m^3混凝土必须有一组试件,每根桩必须有一组试件。

6.6.4.7 抗滑桩均应进行桩身完整性检测,可采用钻芯法、声波透射法或低应变反射波法检测。

6.7 棚洞

6.7.1 一般要求

6.7.1.1 棚洞适用于高位发育、规模较大的危岩下部有重要线状或带状结构物(道路、管线)需要保护,且难以采用锚固、清除、拦截措施进行防治和绕避时设置。

6.7.1.2 棚洞根据其结构形式可分为墙式棚洞、钢架式棚洞、柱式棚洞、悬臂式棚洞、拱形棚洞等类型。

6.7.1.3 棚洞支撑体系结构宜采用钢筋混凝土结构,由棚洞顶板、棚洞内墙、棚洞外墙和棚洞基础组成。

6.7.1.4 棚洞结构形式应根据使用要求、崩塌落石量大小、地形、地质、地基条件和施工条件等综合考虑确定:

a) 对坡面崩塌落石量较大,地基承载力较低、抗震要求较高时宜优先采用拱形棚洞、墙式棚洞。

b) 对坡面落石量少,地基承载力高、非抗震地区时宜采用钢架式棚洞、柱式棚洞。

c) 对坡面落石量少,外侧地基不良或不宜设置基础、非抗震地区时宜采用悬臂式棚洞。

6.7.1.5 棚洞基础应置于基岩或者稳定的地基上,当地基不稳时,应对地基进行加固或采用整体式基础、桩基础等。

6.7.1.6 棚洞内边墙宜采用重力式结构，并应置于基岩或稳固的地基上；当岩层坚实完整，干燥无水或少水时，可采用锚杆式内边墙；外边墙可采用墙式、刚架式、柱式结构。

6.7.1.7 棚洞设计应加强地下水、地表水的疏排，棚洞内外应形成一个完整通畅的防排水系统。

6.7.1.8 棚洞除靠山侧外，顶板周边应设置有效挡土措施，避免缓冲层土体冲刷流失。

6.7.2 设计计算

6.7.2.1 棚洞荷载计算

棚洞结构主要承受自重、回填土石压力及落石冲击荷载等，可按附录 H 和附录 I 进行计算。

6.7.2.2 结构内力及配筋计算

棚洞内力基于静力问题分析的极限平衡理论计算，按照承载能力极限状态及正常使用极限状态验算构件截面强度、配筋及抗裂等，具体可参照《混凝土结构设计规范》(GB 50010)规范要求进行计算。

6.7.3 构造要求

6.7.3.1 棚洞基础埋深设计要求：

a) 棚洞基础在满足地基稳定和变形前提下，基础宜浅埋，地基为土层时不宜小于 1.0 m，地基为岩层时不宜小于 0.5 m，且不小于墙边各种沟、槽基底埋深。

b) 当地基为冻胀土层时，应将基础埋入冻胀线以下不小于 0.5 m，且不应小于 1.0 m。

c) 棚洞基础受流水冲刷时，埋深应在冲刷线以下不小于 1.0 m；

d) 红黏土和膨胀土地区，基础应埋置深度不小于大气影响急剧层深度 0.5 m。

6.7.3.2 棚洞外墙基础位于稳定斜坡上时，基础趾部外侧距稳固地层边缘水平距离应满足式(2)要求，且不得小于 3.0 m。如图 1 所示。

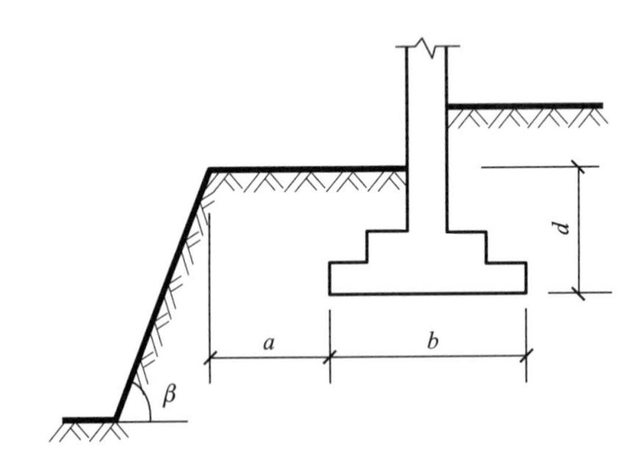

图 1 基础外侧距稳定斜坡边缘水平距离示意图

矩形基础

$$a \geqslant 2.5b - \frac{d}{\tan\beta} \qquad (2)$$

式中：

a——基础趾部距外侧稳固地层边缘水平距离，单位为米(m)；

b——基础宽度，单位为米(m)；

d——基础埋深，单位为米(m)；

β——稳定斜坡坡角，单位为度(°)。

6.7.3.3 棚洞边墙宜采用混凝土及片石混凝土浇筑，当地层岩性良好时可以采用砌体结构；棚洞顶板宜采用钢筋混凝土梁板式或拱圈式结构，边墙及顶板厚度可按表13的规定取值。

表13 截面最小厚度

建筑材料种类	边墙/cm	棚洞顶板/cm	
		梁板式顶板	拱圈式顶板
混凝土	30	—	—
钢筋混凝土	—	20	30
片石混凝土	40	—	—
砌体结构	50	—	—

6.7.3.4 棚洞顶板采用钢筋混凝土梁板式结构时，钢筋混凝土 T 梁宽度不应小于30 cm，梁高 h 与跨度 l 之比，一般可取 $h/l=1/8\sim1/6$，梁跨越大比值可以取小值。

6.7.3.5 棚洞边墙顶帽应设置钢筋；边墙顶帽边缘至支座边缘距离应满足表14要求。

表14 顶帽边缘至支座边缘距离

梁跨度 l/m	垂直线路方向/cm		沿棚洞走向/cm
	内墙	外墙(立柱)	
0～8	≥50	≥15	≥50
8～20		≥25	

6.7.3.6 棚洞基础及内、外墙体材料，采用浆砌时，砂浆强度等级不应低于M10；采用混凝土或片石混凝土时，不应低于C25；采用钢筋混凝土时，不应低于C30。

6.7.3.7 棚洞顶板采用拱形结构，材料采用浆砌结构砂浆强度等级不应低于M15，采用混凝土时强度等级不应低于C25；棚洞顶板采用梁板式结构钢筋混凝土强度等级不应低于C30；棚洞基础系梁，边墙采用桩柱式结构，钢筋混凝土强度等级不应低于C30。

6.7.3.8 拱形棚洞拱圈混凝土受压构件，其轴向力偏心距不宜大于0.45倍截面厚度；对于棚洞边墙和石砌偏心受压构件，轴向力偏心距不宜大于0.3倍截面厚度。

6.7.3.9 对于岩石地基，棚洞边墙基底偏心距不大于1/4基底宽度；对于土质地基基底偏心距不大于1/6基底宽度。

6.7.3.10 缓冲结构层宜优先选用轻质、透水材料，可根据当地实际情况采用黏性土、细粒土或砂砾类材料；填料最大粒径不应大于10 cm。

6.7.3.11 棚洞顶填土厚度不宜小于1.5 m，崩塌、落石严重时，应适当加厚；当洞顶回填系以支挡边坡坍塌时，其厚度应结合边坡刷坡和回填坡度确定。

6.7.3.12 作为棚洞顶缓冲层，洞顶回填土坡度按1∶3～1∶5设计；缓冲层填土应分层填筑，并予以适当压实，压实度可按不小于90 %控制。

6.7.3.13 棚洞缓冲层横坡一般设计为组合坡度，外侧坡率由1∶2～1∶3逐渐过渡到靠山侧1∶3～1∶10为宜；两横坡线之间采用圆缓连接。

6.7.3.14 气温变化较大地区，应根据具体情况每隔 10 m～20 m 设置变形缝，缝宽 0.02 m～0.03 m；地基软弱不均地段应设置沉降缝，沉降缝宜与变形缝一起设置。

6.7.3.15 纵向受拉钢筋可单根或 2～3 根成束布置，钢筋净距不得小于 d，且不小于 30 mm。当钢筋（包括成束钢筋）层数等于或多于 3 层时，其净距横向不得小于 $1.5d$，且不小于 45 mm，竖向仍不得小于 d，且不小于30 mm。纵向受力钢筋的截面最小配筋率和钢筋弯起、连接、锚固等构造要求参照《公路隧道设计规范》(JTG D70)相关规定执行。

6.7.4 施工及质量检验

6.7.4.1 棚洞应采用信息法施工，施工过程中应对棚洞上部危岩崩塌进行实时监测，及时了解和分析监测信息，对可能出现的险情应制定防范措施和应急预案。

6.7.4.2 棚洞主体混凝土采取分层对称浇筑，一次浇筑长度根据施工所处实际情况控制在 9 m 内，一次浇筑的高度不超过 2 m，浇筑过程做好捣固。

6.7.4.3 边墙底部应铺填 0.5 m～1.0 m 厚碎石并夯实，然后向上回填。石质地层中墙背与岩壁空隙不大时，可采用与墙身同级混凝土回填；空隙较大时，可采用片石混凝土或浆砌片石回填密实，土质地层，应将墙背坡面开凿成台阶状，用干砌片石分层码砌，缝隙用碎石填塞紧密，不得随意抛填土石。

6.7.4.4 原材料质量检验应包括以下内容：

a) 材料出厂合格证。
b) 材料现场抽检和代用材料检验。
c) 砂浆、混凝土配合比试验及强度等级检验。

6.8 挡土墙

6.8.1 一般要求

6.8.1.1 挡土墙适用于小型、低位滑移式崩塌体坡脚加固防护和阻滑作用。

6.8.1.2 崩塌防治工程中较常用的重力式挡墙分为俯斜式、仰斜式、直立式及其他特殊形式挡土墙等类型。

6.8.1.3 在崩塌防治中若采用桩板式挡墙、锚杆挡土墙等形式时，可参照《建筑边坡工程技术规范》(GB 50330)进行设计。

6.8.1.4 采用重力式挡墙，对土质边坡高度不宜超过 10 m，对岩质边坡高度不宜大于 12 m，否则应与其他防护措施结合综合治理。

6.8.1.5 墙后填料应选抗剪强度高和透水性较强的填料，填筑分层夯实，其压实系数不得小于 0.90。

6.8.2 设计计算

挡土墙结构计算可参照《建筑边坡工程技术规范》(GB 50330)的相关规定。

6.8.3 构造要求

6.8.3.1 挡土墙墙型选择宜根据滑移式崩塌体的稳定状态、施工条件、土地利用和经济性等因素确定。一般施工期间崩塌体稳定性较好且土地价值高，宜采用直立式挡土墙；施工期间崩塌体稳定性较差且土地价值低，宜采用俯斜式挡土墙(图 2)。

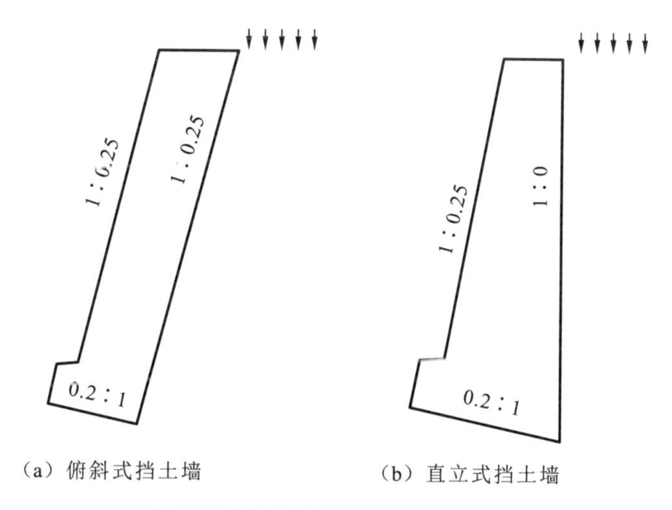

图2　挡土墙断面一般型式图

6.8.3.2　重力式挡墙材料可使用浆砌块石、条石、毛石混凝土或素混凝土。块石、条石的强度等级不应低于MU30，砂浆强度等级不应低于M10；重力式挡墙混凝土强度等级不应低于C25。

6.8.3.3　挡土墙基础基底宜设计为0.1：1～0.2：1的反坡，土质地基取小值，岩质地基取大值；挡土墙采用毛石混凝土或素混凝土现浇时，毛石混凝土或素混凝土墙顶宽不宜小于0.4 m，毛石含量为15 %～30 %。

6.8.3.4　挡土墙墙胸宜采用1：0.3～1：0.5坡度。墙高小于4.0 m，可采用直立墙胸，地面较陡时，墙面坡度可采用1：0.2～1：0.3。

6.8.3.5　对于挡土墙后排水不畅或存在冻胀可能时，应在墙后最低泄水孔至墙顶下0.5 m之间设置不小于300 mm厚的砂砾、砂夹卵石或土工合成材料等透水性反滤层。

6.8.3.6　挡墙伸缩缝间距，对块石、条石挡墙宜为10 m～15 m，混凝土挡墙宜为10 m～20 m，设于挡墙高度变化、与其他建筑物连接等处，在地基岩性变化处设沉降缝，缝宽均采用20 mm～30 mm，缝中填沥青麻筋、沥青木板或其他有弹性的防水材料，沿内、外、顶三方填塞，深度不小于150 mm。

6.8.3.7　挡墙的基础埋置深度，应根据地基稳定性、地基承载力、冻结深度、水流冲刷情况以及岩石风化程度等因素确定。在土质地基中，基础最小埋置深度不宜小于0.50 m，在岩质地基中，基础最小埋置深度不宜小于0.30 m。基础埋置深度应从坡脚排水沟算起。受水流冲刷时，埋深应从预计冲刷底面线算起。

6.8.3.8　对于人流密集的下列地段挡土墙顶须设置防护栏杆：

a）　墙顶高出地面6 m，且连续长度大于20 m。

b）　墙顶高出地面4 m，且位于码头、道路附近或靠近居民集中点。

c）　位于悬崖、陡坎或地面横坡陡于1：0.75，且连续长度大于20 m。

6.8.4　施工及质量检验

6.8.4.1　挡墙基坑应采用分段跳槽开挖，临时支护，开挖一段，立即浆砌、回填一段；施工期应对崩塌体进行监测。

6.8.4.2　浆砌块(条)石挡土墙应采用坐浆法施工，砂浆稠度不宜过大，块片石表面清洗干净，砂浆宜采用机械拌合。

6.8.4.3　砌筑挡土墙时，要分层错缝砌筑，基底及墙趾台阶转折处，不得做成垂直通缝，砂浆水灰比必须符合要求，并填塞饱满。

6.8.4.4　对于墙后填土需及时回填夯实，压实系数满足设计要求，作好填土与原土的搭接，墙身砌出地面后，在坡顶并做成不小于 5 %的向外散水坡，以免积水下渗而影响墙身稳定。

6.8.4.5　墙后填土宜采用透水性好的碎石土，必须分层夯实，当砌体或混凝土强度达到设计强度的 75 %时，方可进行填土并分层夯实，注意墙身不要受到夯击影响，以保证施工过程中自身的稳定。

6.8.4.6　挡土墙质量检验。

a）材料质量检验：

包括原材料质量，砌石、混凝土、钢筋的制作质量检验。

b）实测项目：

包括砂浆（混凝土）强度、平面位置、顶面位置、坡度、断面尺寸、底面高程、表面平整度等项目。

c）质量评定标准：

1）保证项目：

①重力挡墙的材料强度应符合设计要求，砂浆或混凝土的配合比应经试验确定。

②断面尺寸应不小于设计要求。

③地基必须满足设计要求。

④砌石分层错缝、嵌填砂浆的饱满度和密实度应满足有关规定。

⑤墙背填料符合设计和施工规范要求。

2）允许偏差项目：

允许偏差项目应符合表 15 的规定。

表 15　重力挡墙允许偏差项目表

序号	检查项目		允许偏差	检查方法
1	平面位置	浆砌挡墙、干砌片石挡墙	±50 mm	每 20 m 用经纬仪或全站仪检查 3 点
		混凝土挡墙	±30 mm	
2	顶面高程	浆砌挡墙、干砌片石挡墙	±20 mm	每 20 m 用水准仪检查 1 点
		混凝土挡墙	±10 mm	
3	底面高程		±50 mm	每 20 m 用水准仪检查 1 点
4	坡度		±0.5 %	每 20 m 用铅锤线检查 3 处
5	表面平整度（凹凸差）	浆砌块石挡墙	±20 mm	每 20 m 用 2 m 直尺检查 3 处
		浆砌片石挡墙	±30 mm	
		混凝土挡墙	±10 mm	
		干砌片石挡墙	±50 mm	

6.9　挂网喷锚

6.9.1　一般要求

6.9.1.1　挂网喷锚防护适用于崩塌体坡面为碎裂结构的硬质岩石、层状结构的不连续硬质地层、老黄土层等岩土层，也适用于局部崩塌体，以及崩塌体经过放坡处理后的边坡防护等情况。

6.9.1.2 挂网喷锚防护不适应于膨胀性、严重腐蚀性岩土体或具有中等—严重湿陷等级的黄土地层，大面积淋水地段或严寒地区的冻胀崩塌边坡等。

6.9.2 构造要求

6.9.2.1 采用锚喷支护后，对局部不稳定块体应采取加强支护的措施。

6.9.2.2 系统锚杆设置应满足下列要求：

a) 锚杆倾角为 10°～20°。

b) 锚杆布置可采用梅花形、矩形排列。

c) 锚杆间距宜为 1.25 m～3 m，且不应大于锚杆长度的 半。

d) 应采用全粘结锚杆，成孔直径宜取 70 mm～130 mm。锚杆钢筋宜选用 HRB400、HRB500 钢筋，钢筋直径宜取 16 mm～32 mm。

6.9.2.3 喷射混凝土的设计强度等级不应低于 C25。

6.9.2.4 喷射混凝土面板厚度不应小于 100 mm；岩体风化严重、节理发育地段，钢筋网喷射混凝土面板厚度不应小于 150 mm；当喷射混凝土面板厚度为 200 mm 及以上时宜采用双层配筋；面板宜沿纵向每 20 m～25 m 的长度分段设置竖向伸缩缝。

6.9.2.5 喷射混凝土面板钢筋网筋宜采用 HPB300 钢筋，直径宜取 6 mm～12 mm，钢筋间距为 150 mm～250 mm；加强筋选用不低于 HRB400，直径宜取 14 mm～20 mm；钢筋保护层厚度不应小于 25 mm；面板钢筋与锚杆应有可靠连结。

6.9.2.6 锚杆体注浆宜采用水泥浆或水泥砂浆，其强度不宜低于 20 MPa，岩体渗水较严重时，宜添加膨胀剂，注浆采用孔底注浆法。

6.9.2.7 喷射混凝土面板应设泄水孔，渗水严重地段应设仰斜 5°～10°的排水孔，孔内设置透水管或打孔的聚乙烯管。

6.9.3 施工及质量检验

6.9.3.1 喷护前对坡面渗水点采取处置措施，并按设计要求设置泄水孔。

6.9.3.2 喷射混凝土前应先对边坡坡面进行清理，坡面不得有浮土和散落、松动的岩石碎块，再进行试喷，选择合适的水灰比和喷射压力，喷射顺序应自下而上进行。

6.9.3.3 砂浆或混凝土初凝后，应立即开始养护，喷浆养护期不应少于 5 d，喷射混凝土养护期不应少于 7 d。

6.9.3.4 应及时对喷浆或混凝土层顶部进行封闭处理。

6.9.3.5 喷射混凝土强度等级应满足设计要求。检查喷射混凝土抗压强度所需试块应在工程施工中抽样制取，取样、试件留置与试验应符合下列规定：

a) 每喷射 50 m^3～100 m^3 混合料或者混合料小于 50 m^3 的独立工程，不应少于 1 组，每组试块不得少于 3 个；材料或配合比变更时，应另作 1 组。

b) 检查喷射混凝土抗压强度试块可采用现场施工的喷射混凝大板或原位钻芯方法制作，也可采用与喷射面等距离的喷枪喷射制作。

c) 采用立方体试块做抗压强度试验时，加载方向必须与试块喷射成型方向垂直。

6.9.3.6 喷射混凝土厚度的检查应符合以下规定：

a) 检查孔厚度的平均值不应小于设计厚度。

b) 全部检查孔的喷层厚度 90 %以上不应小于设计厚度。

c) 最小值不应小于设计厚度的 90 %。

6.9.3.7 喷射混凝土所用水泥、粗细骨料、拌制混凝土用水、外加剂等主要材料的质量，喷射混凝土支护结构中的钢筋品种、规格、配置位置及数量、连接方式和力学性能等应满足设计要求。

6.9.3.8 喷射混凝土支护结构不应有漏筋、开裂、破损等严重外观质量缺陷。

6.10 截、排水工程

6.10.1 一般要求

6.10.1.1 排水工程设计应在崩塌防治总体方案基础上，结合工程地质、地下水和降雨条件及本区域生态环境，制定地表排水、地下排水及其两者相结合方案。

6.10.1.2 一般情况下，地表排水工程的设计降雨标准为 20 年一遇。

6.10.1.3 截、排水沟一般应设置在崩塌体后缘最远处裂缝 5 m 以外的稳定斜坡面上；平面上依地形而定，应有效拦截地表水并顺利排出为原则。

6.10.1.4 截、排水工程应合理布局，应与主体工程及自然环境相适应；注重各种排水设施的功能和相互之间的衔接，并与地界外排水系统和设施合理衔接，形成完整、通畅的排水系统。

6.10.1.5 崩塌体内地下水比较丰富时，宜在崩塌体中、下部或支撑体内钻设仰斜式排水孔，落石槽、拦石墙内宜采用盲沟排水。

6.10.1.6 地表排水设施地基应密实稳定，必要时应采取有效措施防止地基变形引起的排水设施破坏。

6.10.1.7 截、排水工程的断面形状、结构尺寸、及间距应根据设计流量确定。

6.10.1.8 地下排水设施应采取反滤措施，防止堵塞及失效。

6.10.1.9 地表排水设置一般根据崩塌体地表周围汇水情况确定，一般采用梯形、矩形明沟排水，受地形地质条件限制时可采用复合结构。

6.10.1.10 膨胀土(岩)、黄土基底或换填底面等区域应加强封闭、隔水处理措施。

6.10.2 构造要求

6.10.2.1 截、排水沟设计纵坡，应根据沟型、地形、地质以及与山洪沟连接条件等因素确定；当自然纵坡大于 1：20 或局部高差较大时，应设置消能措施。

6.10.2.2 截、排水设施纵坡不宜小于 5‰；条件困难时亦不应小于 3‰。

6.10.2.3 排水沟的安全超高，不宜小于 0.2 m，在弯曲段凹岸应考虑水位壅高的影响。

6.10.2.4 排水沟宜用浆砌片石或块石，地质条件较差如坡体松软段可用毛石混凝土或素混凝土；排水沟砌筑砂浆强度等级不宜低于 M7.5，对坚硬块片石砌筑排水沟，采用高 1 个级强度等级砂浆进行勾缝；毛石混凝土或素混凝土强度等级宜采用 C25。

6.10.2.5 截、排水沟沟底及边墙应设伸缩缝，缝间距 10 m～15 m。

6.10.2.6 对于地基土质湿陷性较大、填土不均匀或沉降差异较大地段的截、排水沟宜设置为钢筋混凝土沟。

6.11 其他防护措施

6.11.1 一般要求

6.11.1.1 其他防护措施主要为坡面防护工程和生态防护工程等。坡面护坡工程包括砌体护坡、护面墙、骨架护坡等;生态防护工程包括坡面植物护坡、复合型生态防护、防护林等。

6.11.1.2 崩塌体坡脚坡面岩土易风化、剥落或有崩塌现象,当有滑落及掉块等时,应进行坡面防护。

6.11.1.3 崩塌体坡面防护工程应在稳定的边坡上设置;对欠稳定的或存在不良地质因素的崩塌体边坡,应先治理稳定后,再开展坡面防护、生态防护等其他措施。

6.11.1.4 崩塌体坡面防护应根据工程区域气候、水文、地形、地质条件、材料来源及使用条件采取工程防护和植物防护相结合的综合处理措施,并应考虑坡面风化、雨水、河流冲刷,植物生长效果、环境效果,冻胀、干裂作用,坡面防渗、防淘刷等因素,并经技术经济比较后确定。

6.11.1.5 生态防护时应考虑由于植物根系与水的作用恶化崩塌体稳定性的可能性。

6.11.1.6 黄土崩塌破坏模式与治理措施见附录J。

6.11.2 设计、施工与质量检验

6.11.2.1 对砌体护坡、护面墙等坡面防护工程,应设置在可靠的地基与基础上,砌筑材料满足强度要求,并分段设沉降缝或伸缩缝。

6.11.2.2 骨架设计要根据所承受的坡面土体切向作用力等,强度应满足相应要求,骨架的截面尺寸和中间空格的尺寸根据影响因素综合确定。

6.11.2.3 坡面有地下水渗出时,应设滤水层的泄水孔;在降雨量大的地区,在骨架的下坡方面边缘设计成拦水埂,并在骨架的下面设置坡面盲沟。

6.11.2.4 生态防护工程不宜作为危岩落石的单独的防护治理措施使用,应配合工程防治措施使用。

6.11.2.5 生态防护植物要最大限度地满足治理崩塌灾害的需要,应选择生长快速、生命力强的植被,同时所选择的植物要与栽植地的气候条件相适应。

6.11.2.6 坡面防护工程的施工及质量检验主要内容为施工坡面坡度与表面平整度、相关尺寸、砌筑材料、防排水等是否满足设计要求。

6.11.2.7 生态防护施工及质量检验内容主要为施工的坡面坡度与表面平整度、植物选择、固土做法、种植与养护等是否满足设计要求。

6.11.2.8 坡面防护工程和生态防护工程的设计、施工与质量检验要求,可参照《建筑边坡工程技术规范》(GB 50330)的要求。

7 监测

7.1 一般规定

7.1.1 崩塌防治工程监测设计应满足信息化设计及施工的要求,指导安全施工、反馈设计,并根据监测结果判断崩塌体稳定状态,检验防治效果。

7.1.2 崩塌防治监测一般应包括施工安全监测、防治效果监测和长期监测。对大型复杂、治理难度大的崩塌防治工程,应布设长期监测点。

7.1.3 崩塌防治设计应包括防治工程监测设计且设计深度应满足相应的防治工程安全等级监测需求。

7.1.4 施工安全监测应及时了解危岩体在施工期间的稳定性和施工扰动对危岩体的影响,调整有关施工工艺和步骤,保障施工安全。

7.1.5　施工安全监测点应设置于崩塌体稳定性差或施工扰动影响大的部位，应形成完整剖面，采用多种手段相互验证补充，并由专人监测和巡查。

7.1.6　防治效果监测的布置应与施工安全监测保持连续性。保留施工期间主要监测点，补充防治工程措施监测点，恢复施工破坏的重要监测点。

7.1.7　监测仪器的选择应根据防治工程安全等级，选择对应类型和精度的监测仪器，应力求先进，并遵循安全可靠、经济实用的原则。

7.1.8　监测系统包括仪器安装、数据采集、传输和存储、数据处理、预警预报等。所采用的监测仪器必须具有生产许可证，产品质量检验合格证。重复使用的监测仪器须经过国家有关计量部门标定，并具有相应的质检报告。

7.1.9　监测应采用先进和经济实用的方法技术，与群测群防相结合。

7.2　监测设计

7.2.1　对于Ⅰ级（含特级）崩塌防治工程，应建立地表与深部相结合的综合立体监测网，并设置长期监测点；对于Ⅱ级崩塌防治工程，在施工期间应建立安全监测和防治效果监测网，宜建立以简易监测为主的长期监测点；对于Ⅲ级崩塌防治工程，可建立群测群防简易长期监测点。

7.2.2　监测网宜由剖面和点组成，监测剖面的布置应根据监测项目确定，原则上应与防护工程垂直或平行，根据监测方法的需要在剖面之间适当增加监测点。

7.2.3　监测剖面的数量应根据地质灾害的规模和防治工程的重要程度确定，以满足施工安全需要和动态设计、效果监测为原则。Ⅰ级（含特级）防护工程监测纵剖面不少于3条，Ⅱ级防护工程监测纵剖面不少于2条。单个崩塌体上的纵、横剖面不应少于1条，并尽量与勘查剖面一致。

7.2.4　监测点的设置应满足以下规定：

a）　监测点的设置应能满足变形测量网建设要求。

b）　每条监测纵横剖面上的监测点不宜少于3个。

c）　监测点应按防治工程的措施、地质条件、结构特点，选择有代表性的部位布置。

d）　监测项目根据灾害体类型特征及施工需要按表16相宜选择。

表16　防治工程监测项目一览表

监测项目 / 工程措施		位移				应力应变	水的动态			环境因素		
		大地形变	裂缝	巡视检查	深部位移		水位	孔隙水压	水量	降雨量	气温	工程活动
抗滑桩（键）	Ⅰ	★		★		★(☆)						
	Ⅱ	★		★		☆						
	Ⅲ	☆		★		○						
挡土墙	Ⅰ	★		★								
	Ⅱ	★		★								
	Ⅲ	☆		★								
挂网喷锚	Ⅰ	★		★								
	Ⅱ	★		★								
	Ⅲ	☆		★								

表 16　防治工程监测项目一览表(续)

工程措施 \ 监测项目		位移				应力应变	水的动态			环境因素		
		大地形变	裂缝	巡视检查	深部位移		水位	孔隙水压	水量	降雨量	气温	工程活动
锚固(锚索)	Ⅰ	★		★		★						
	Ⅱ	★		★		★						
	Ⅲ	☆		★		☆						
截排水工程	Ⅰ	☆		★					★			
	Ⅱ	○		★					○			
	Ⅲ	○		★								
崩塌体(清除)	Ⅰ	★	★	★	☆		☆	☆	☆	☆	☆	☆
	Ⅱ	☆	★	★	☆		○	○	○	○	○	○
	Ⅲ		☆	☆	○							
支撑与嵌补	Ⅰ	★	★	★								
	Ⅱ	☆	★	★								
	Ⅲ		☆	☆								
棚洞			★	★								
防护网与拦石墙	Ⅰ	★		★								
	Ⅱ	★		★								
	Ⅲ	☆		★								
建筑物			★	★								

注 1:表中符号★表示为应作,☆为宜作,○为可作。
注 2:表中Ⅰ、Ⅱ、Ⅲ分别表示防治工程安全等级为Ⅰ级及以上(含特级)、Ⅱ级、Ⅲ级的防治工程。
注 3:表中★(☆)表示防治工程安全等级为特级时是应作该监测项目,为其他等级时是宜作该监测项目。

7.2.5　对防治工程中地表变形强烈的区域应重点监控,适当增加监测点和监测手段。

7.2.6　施工安全监测点应布置在崩塌体稳定性差的部位,宜形成完整剖面,采用多种手段互相验证和补充。

7.2.7　抗滑桩(键)应力、应变监测,宜沿按桩身内力分布特征选择具有代表性的不同位置选取 3～5 处进行布置。

7.2.8　锚杆(索)的应力监测应抽样进行。用作监测的每根锚杆(索),一般宜布置 1～3 个应力测点,非预应力锚杆的应力监测根数不宜少于锚杆总数的 3 %,预应力锚索的应力监测根数不宜少于锚索总数的 5 %。

7.2.9　Ⅰ级(含特级)崩塌防治工程的预应力锚索(杆)的监测数量不应少于 3 根;Ⅱ级防治工程不少于 2 根。长期监测的锚杆(索)数,不应小于 3 根。

7.2.10　施工安全监测宜采用自动化方法监测工程施工扰动等因素对崩塌体稳定性的影响,监测结果应作为指导施工的依据,并及时报送监理和设计。

7.2.11　长期监测的内容主要包括地面变形监测、地下水位监测和滑移式崩塌的深部位移监测。

7.2.12 长期监测在防治工程竣工后，对崩塌体进行动态跟踪，了解崩塌体稳定性变化特征，主要对Ⅰ级(含特级)崩塌防治工程进行。

7.2.13 防治效果监测的布设应符合下列原则：

a) 增补针对竣工后的防治工程措施的监测手段和监测点。

b) 在主要变形区和防治措施集中布置区多布设监测点。

c) 防治效果监测剖面布设应符合7.2.3规定。

d) 工程措施监测点布设应符合7.2.7～7.2.9的规定。

7.3 监测方法和监测数据处理

7.3.1 地表位移监测宜采用经纬仪、全站仪、RTK等测量仪器监测灾害体水平位移、垂直位移以及变化速率。点位误差要求应不超过±2.6 mm～5.4 mm，水准测量每千米误差应不超过±1.0 mm～1.5 mm。

7.3.2 地表裂缝位错监测采用伸缩仪、位错计或千分卡直接量测。测量精度0.1 mm～1.0 mm。监测点选择在裂缝两侧，特别是崩塌母体与崩塌体之间主裂缝两侧，监测点一般两个一组，测量其距离或在裂缝两侧设固定标尺，以观测裂缝张开、闭合等变化。Ⅲ级防护工程监测还可在建筑物(房屋墙壁、挡土墙、浆砌片石沟侧壁等)的裂缝上贴水泥砂浆片等观测该裂缝的变化情况。

7.3.3 锚索测力计可采用轮辐式压力传感器、钢弦式压力盒、应变式压力盒、液压式压力盒进行监测。

7.3.4 压力盒使用中应考虑传感器的量程与精度、稳定性、抗震及抗冲击性能、密封性等因素。

7.3.5 监测数据的采集应尽可能采用自动化方式。数据处理须在计算机上进行，包括建立监测数据库、数据和图形处理系统、趋势预报模型、险情预警系统等。监测设计须提供灾害体险情预警标准，并在施工过程中逐步加以完善。监测须定期向建设单位、监理方、设计方和施工方提交监测报告，必要时，应提交实时监测数据。

7.3.6 监测应建立资料分析处理系统，根据所采用的监测方法和所取得的监测数据，采用相应的数据处理方法，对监测资料进行分析处理包括数据的平滑滤波、曲线拟合、绘制时程曲线及进行时序和相关分析。

7.4 监测期限及周期

7.4.1 监测项目期限应根据崩塌体的特征、防治工程规模等级、项目监测目的等因素综合确定。

7.4.2 施工安全监测应从施工开始前至工程竣工初步验收合格后结束。

7.4.3 施工安全监测原则上采用24 h自动定时观测方式进行，以使监测信息能及时反映崩塌体变形破坏特征，供有关方面作出决断。如果崩塌体稳定性好，且工程挠动小，可采用1 d～5 d观测一次的方式进行。

7.4.4 防治工程效果监测时间长度不应小于1个水文年，至工程竣工最终验收合格后结束，防治工程效果监测成果及施工安全监测成果为工程的竣工验收提供科学依据。

7.4.5 防治工程效果监测数据采集时间间隔宜为15 d～30 d，在外界扰动较大时，如暴雨期间，应加密监测次数。

8 设计成果

8.1 设计成果内容

8.1.1 设计说明

8.1.1.1 工程概况、工程地质及水文地质条件简述，稳定性验算结论，设计原则和依据，设计措施，施工条件，材料要求，施工技术要求，监测工程。

8.1.1.2 工程量汇总表。

8.1.2 图件组成

8.1.2.1 崩塌防治工程平面布置图。

a) 场地位置，地形，征地红线。

b) 防治工程措施平面布置，重要工程措施平面坐标，各控制点平面坐标与工程量表。

c) 剖切线位置和编号，指北针。

d) 文字说明，图纸名称，图签。

8.1.2.2 崩塌防治工程设计剖面图。

a) 崩塌防治工程措施剖面布置，高程坐标、水平标尺。

b) 剖切线位置和编号。

c) 文字说明，图纸名称，图签。

8.1.2.3 崩塌防治工程设计立面图。

a) 崩塌防治工程立面布置，高程坐标，水平标尺。

b) 文字说明，图纸名称，图签。

8.1.2.4 防治工程措施结构详图。

a) 防治工程措施结构详图及配筋图。

b) 部分细部结构图，结构工程数量表。

c) 文字说明，图纸名称，图签。

8.1.2.5 监测工程平面布置图。

场地地形，监测点的坐标、类型等。

8.1.2.6 监测工程结构详图。

8.1.2.7 施工组织平面布置图。

a) 场地地形，拟建构筑物的位置与轮廓尺寸。

b) 材料堆放、拌合站及设备维修等的位置与面积。

c) 施工道路，办公与生活用房等临时设施的位置与面积。

d) 消防及环保设施布设等。

8.1.3 计算书

主要包含崩塌防治工程稳定性计算，防治工程结构内力及位移计算等。

8.1.4 概(预)算书

按设计阶段分别为：投资估算，初步设计概算，施工图预算。

8.2 设计成果要求

8.2.1 成果书写格式如下。

8.2.1.1 设计成果应按照内容分节撰写绘制,层次清楚。

8.2.1.2 文字及图件的术语、符号、单位应前后一致,符合国家现行标准。

8.2.2 本规范对设计成果的要求具有通用性。对于具体的工程项目设计,执行时应根据项目的内容和设计范围对本规范的内容进行合理调整。

附　录　A

（规范性附录）

崩塌威胁设施重要性分类

表 A.1　崩塌威胁设施重要性分类

设施重要性	设施类别
非常重要	放射性设施，核电站，大型地面油库，危险品生产仓储，政治设施，军事设施等
重要	城市和城镇重要建筑物（含30层以上的高层建筑），国家级风景名胜区，列入全国重点文物保护单位的寺庙，高等级公路，铁路，机场，学校，大型水利水电工程、电力工程，大型港口码头，大型矿山、油（气）管道和储油（气）库等
较重要	城市和城镇一般建筑物、居民聚集区、省级风景名胜区，列入省级文物保护单位的寺庙、边境口岸，普通二级（含）以下公路，中型水利工程、电力工程、通信工程、矿山，城市集中供水水源地等
一般	居民点，小型水利工程、电力工程、通信工程、矿山，乡镇集中供水水源地、村道等
注：表中未列项目可根据有关技术标准和规定按大、中、小型分别确定其重要性等级。大型为重要、中型为较重要、小型为一般。	

附 录 B
（规范性附录）
地震荷载计算

地震力一般按照惯性力求法进行计算，主要考虑水平向地震力对危岩体的影响。对于基本地震加速度为 0.2g 以上，且位于地震断裂带 15 km 范围内的危岩稳定性计算，宜同时考虑水平向地震荷载和竖向地震荷载的影响。

B.1 水平向地震力

水平向地震荷载可按如下公式计算：

$$Q_h = \alpha_W \cdot G \cdot F_a \qquad \text{(B.1)}$$

式中：

Q_h——危岩水平地震荷载，单位为千牛每米（kN/m）；

α_W——综合水平地震系数，即 $\alpha_W = \alpha_h \xi / g$；

α_h——设计基本地震加速度，单位为米每秒的平方（m/s^2）；

ξ——折减系数，取值 0.25；

G——危岩的重量（含地面荷载），单位为千牛每米（kN/m）；

F_a——危岩地震放大效应系数，低位危岩取 1.0，中位危岩取值 1.5，高位危岩取值 2.0，特高位危岩取值 3.0。

危岩地震荷载综合水平地震系数可按照表 B.1 取值。

表 B.1 综合水平地震系数表

设计基本地震加速度（α_h）	≤0.05g	0.1g	0.15g	0.2g	0.3g	0.4g
综合水平地震系数（α_W）	0	0.025	0.037 5	0.05	0.075	0.10

B.2 竖向地震力

竖向平地震荷载可按如下公式计算：

$$Q_V = Q_h / 3 \qquad \text{(B.2)}$$

式中：

Q_V——危岩竖向地震荷载，单位为千牛每米（kN/m）；

其他符号意义同前。

附 录 C
（规范性附录）
岩质崩塌稳定性计算

C.1 滑移式崩塌稳定性计算

C.1.1 后缘有陡倾裂隙时稳定性计算(图 C.1)：

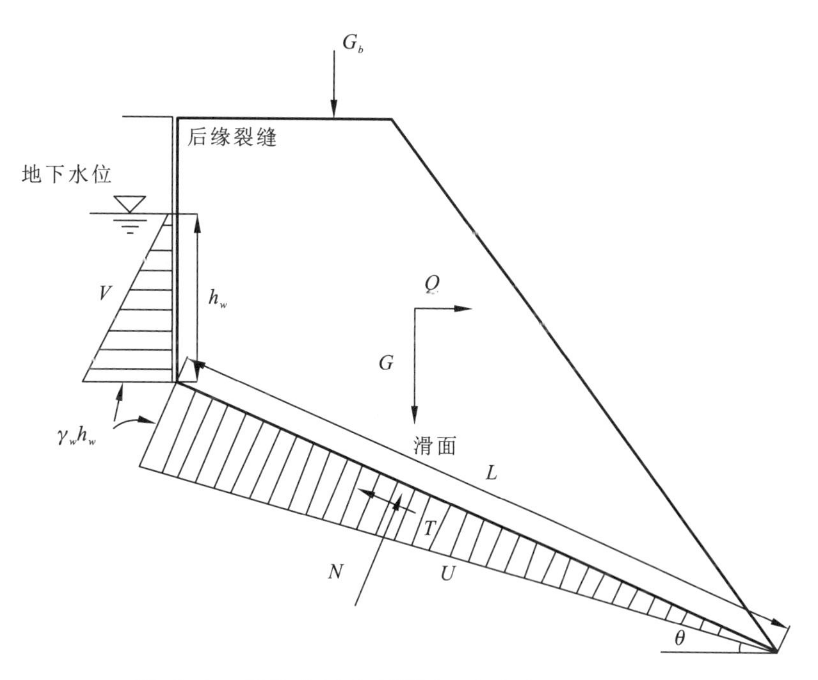

图 C.1 后缘有陡倾裂隙滑移式崩塌计算简图

$$F_s=\frac{[(G+G_b)\cos\theta-Q\sin\theta-V\sin\theta-U]\tan\varphi+cL}{(G+G_b)\sin\theta+Q\cos\theta+V\cos\theta} \quad \cdots\cdots\cdots\cdots (C.1)$$

$$V=\frac{1}{2}\gamma_w h_w^2 \quad \cdots\cdots\cdots\cdots (C.2)$$

$$U=\frac{1}{2}\gamma_w h_w L \quad \cdots\cdots\cdots\cdots (C.3)$$

式中：

F_s——崩塌稳定系数；

V——后缘陡倾裂隙每延米水压力，单位为千牛每米(kN/m)；

h_w——后缘陡倾裂隙充水高度，单位为米(m)，对现状工况根据调查资料确定，对暴雨工况根据汇水面积、裂隙蓄水能力和降雨情况确定，当汇水面积和裂隙蓄水能力较大时不应小于裂隙高度的 1/3；

U——滑面每延米水压力，单位为千牛每米(kN/m)；

L——滑面长度，单位为米(m)；

c——滑面黏聚力，单位为千帕(kPa)，当滑面的裂隙未贯通时取贯通段和未贯通段黏聚力按长度加权的加权平均值，未贯通段黏聚力取岩体黏聚力，滑面受基座岩体强度控制时，取岩体黏聚力；

φ——滑面内摩擦角，单位为度(°)，当滑面的裂隙未贯通时取滑面平均内摩擦系数的反正切，滑面平均内摩擦系数取贯通段和未贯通段内摩擦系数按长度加权的加权平均值，未贯通段内摩擦系数取岩体内摩擦系数，滑面受基座岩体强度控制时，取岩体内摩擦角；

G——滑体每延米自重，单位为千牛每米(kN/m)；

G_b——滑体每延米竖向附加荷载，单位为千牛每米(kN/m)；

θ——滑面倾角，单位为度(°)；

Q——滑体每延米水平荷载(不含后缘陡倾裂隙每延米水压力)，单位为千牛每米(kN/m)，方向指向坡外时取正值，指向坡内时取负值。

C.1.2 后缘无陡倾裂隙时稳定性计算(图 C.2)：

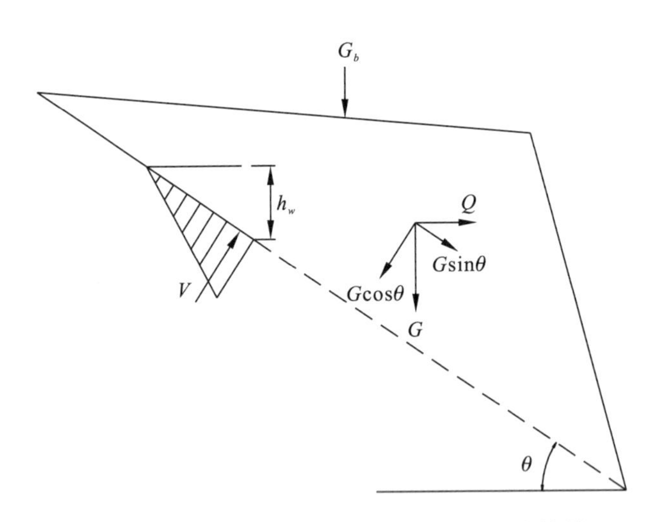

图 C.2 后缘无陡倾裂隙的滑移式崩塌计算简图

$$F_s=\frac{[(G+G_b)\cos\theta-Q\sin\theta-V]\tan\varphi+cL}{(G+G_b)\sin\theta+Q\cos\theta} \quad \cdots\cdots\cdots\cdots\cdots\cdots \text{(C.4)}$$

式中：

F_s——崩塌稳定系数；

c——岩滑面黏聚力，单位为千帕(kPa)，当滑面的裂隙未贯通时取贯通段和未贯通段黏聚力按长度加权的加权平均值，未贯通段黏聚力取岩体黏聚力；

φ——滑面内摩擦角，单位为度(°)，当滑面的裂隙未贯通时取滑面平均内摩擦系数，滑面平均内摩擦系数取贯通段和未贯通段内摩擦系数按长度加权的加权平均值，未贯通段内摩擦系数取岩体内摩擦系数；

G_b——崩塌每延米竖向附加荷载，单位为千牛每米(kN/m)，方向指向下方时取正值，指向上方时取负值；

θ——滑面倾角，单位为度(°)；

V——滑面的裂隙贯通段每延米水压力，单位为千牛每米(kN/m)；

Q——崩塌每延米水平荷载，单位为千牛每米(kN/m)，方向指向坡外时取正值，指向坡内时取负值。

C.1.3 楔形体稳定性计算(图 C.3):

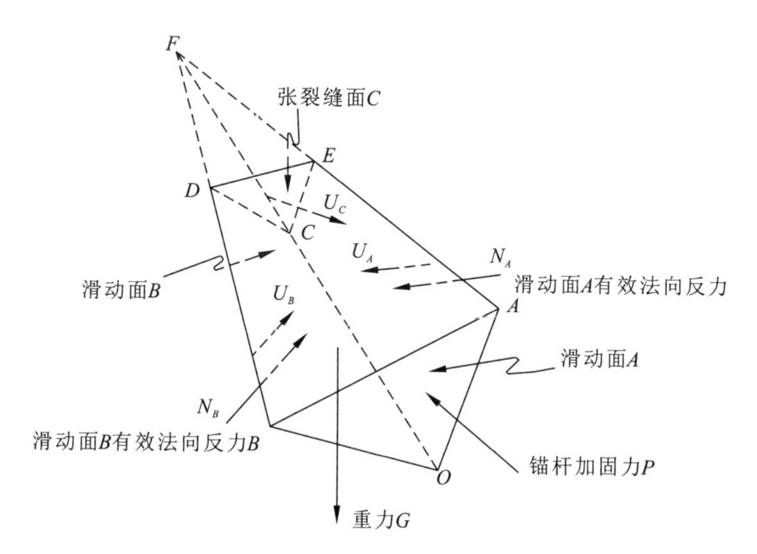

图 C.3 楔形体稳定性计算简图

$$F_s = \frac{c_A{}'A_A + c_B{}'A_B + N_A\tan\varphi_A{}' + N_B\tan\varphi_B{}'}{m_{WS}G + m_{CS}U_C + m_{PS}P} \qquad (C.5)$$

$$N_A = qW + rU_C + sP - U_A \qquad (C.6)$$

$$N_B = xW + yU_C + zP - U_B \qquad (C.7)$$

$$q = (m_{ab}m_{Wb} - m_{Wa})/(1 - m_{ab}^2) \qquad (C.8)$$

$$r = (m_{ab}m_{cb} - m_{ca})/(1 - m_{ab}^2) \qquad (C.9)$$

$$s = (m_{ab}m_{pb} - m_{pa})/(1 - m_{ab}^2) \qquad (C.10)$$

$$x = (m_{ab}m_{Wa} - m_{Wb})/(1 - m_{ab}^2) \qquad (C.11)$$

$$y = (m_{ab}m_{ca} - m_{cb})/(1 - m_{ab}^2) \qquad (C.12)$$

$$z = (m_{ab}m_{pa} - m_{pb})/(1 - m_{ab}^2) \qquad (C.13)$$

$$m_{ab} = \sin\Psi_a\sin\Psi_b\cos(\alpha_a - \alpha_b) + \cos\Psi_a\cos\Psi_b \qquad (C.14)$$

$$m_{Wa} = -\cos\Psi_a \qquad (C.15)$$

$$m_{Wb} = -\cos\Psi_b \qquad (C.16)$$

$$m_{ca} = \sin\Psi_a\sin\Psi_c\cos(\alpha_a - \alpha_c) + \cos\Psi_a\cos\Psi_c \qquad (C.17)$$

$$m_{cb} = \sin\Psi_b\sin\Psi_c\cos(\alpha_b - \alpha_c) + \cos\Psi_b\cos\Psi_c \qquad (C.18)$$

$$m_{Pa} = \cos\Psi_p\sin\Psi_a\cos(\alpha_p - \alpha_a) - \sin\Psi_p\cos\Psi_a \qquad (C.19)$$

$$m_{Pb} = \cos\Psi_p\sin\Psi_b\cos(\alpha_p - \alpha_b) - \sin\Psi_p\cos\Psi_b \qquad (C.20)$$

$$m_{WS} = \sin\Psi_S \qquad (C.21)$$

$$m_{CS} = \cos\Psi_S\sin\Psi_c\cos(\alpha_S - \alpha_c) - \sin\Psi_S\cos\Psi_c \qquad (C.22)$$

$$m_{PS} = \cos\Psi_S\sin\Psi_P\cos(\alpha_S - \alpha_P) - \sin\Psi_P\cos\Psi_S \qquad (C.23)$$

式中:

A_A、$c_A{}'$、$\varphi_A{}'$——滑面 A 的面积、有效黏聚力和内摩擦角,单位分别为平方米(m^2)、千帕(kPa)和度(°);

A_B、$c_B{}'$、$\varphi_B{}'$——滑面 B 的面积、有效黏聚力和内摩擦角,单位分别为平方米(m^2)、千帕(kPa)和度(°);

Ψ_a、α_a——滑面 A 的倾角和倾向,单位均为度(°);

Ψ_b、α_b——滑面 B 的倾角和倾向，单位均为度(°)；

Ψ_c、α_c——张裂缝面 C 的倾角和倾向，单位均为度(°)；

Ψ_p、α_p——锚杆加固力 P 的倾角和倾向，单位均为度(°)；

Ψ_S、α_S——滑动面 A、B 交线 OC 的倾角和倾向，单位均为度(°)；

U_A、U_B、U_C——滑动面 A、B、C 上的孔隙压力，单位均为千牛(kN)；

G——楔形体重量，单位为千牛(kN)；

P——锚杆加固力，对已加固后的危岩进行稳定性计算时存在，单位为千牛(kN)。

C.2 倾倒式崩塌稳定性计算

C.2.1 拉断式倾倒崩塌稳定性计算

对崩塌体重心在基座顶面前缘内侧，可按下式计算(图 C.4)：

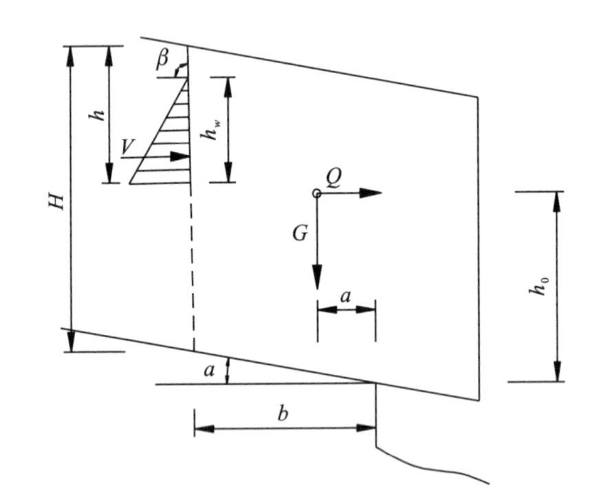

图 C.4 拉断式倾倒崩塌计算简图

$$F_s=\frac{G\times a+\sigma_k\times\dfrac{H-h}{2\sin\beta}\times\left[\dfrac{2(H-h)}{3\sin\beta}+\dfrac{b\cos(\beta-\alpha)}{\cos\alpha}\right]}{Q\times h_0+V\left[\dfrac{1}{3}\times\dfrac{h_w}{\sin\beta}+\dfrac{H-h}{\sin\beta}+\dfrac{b\cos(\beta-\alpha)}{\cos\alpha}\right]} \quad\cdots\cdots\cdots\ (\text{C}.24)$$

对崩塌体重心在基座顶面前缘外侧情形，可按下式计算：

$$F_s=\frac{\sigma_k\times\dfrac{H-h}{2\sin\beta}\times\left[\dfrac{2(H-h)}{3\sin\beta}+\dfrac{b\cos(\beta-\alpha)}{\cos\alpha}\right]}{G\times a+Q\times h_0+V\left[\dfrac{1}{3}\times\dfrac{h_w}{\sin\beta}+\dfrac{H-h}{\sin\beta}+\dfrac{b\cos(\beta-\alpha)}{\cos\alpha}\right]} \quad\cdots\cdots\ (\text{C}.25)$$

式中：

a——块体重心到基座顶面前缘的水平距离，单位为米(m)；

β——后缘陡倾结构面倾角，单位为度(°)；

h_0——水平地震力作用线到基座顶面前缘的垂直距离，单位为米(m)；

α——块体与基座接触面倾角，单位为度(°)；

σ_k——岩体抗拉强度标准值，单位为千帕(kPa)。

b——后缘裂隙延伸段下端到基座顶面前缘的水平距离(即块体与基座接触面长度水平投影)，单位为米(m)。

其他符号意义同前。

C.2.2 折断式倾倒崩塌稳定性计算

当崩塌体重心位于崩塌体底面中点内侧时，折断式倾倒危岩稳定性计算（图 C.5）：

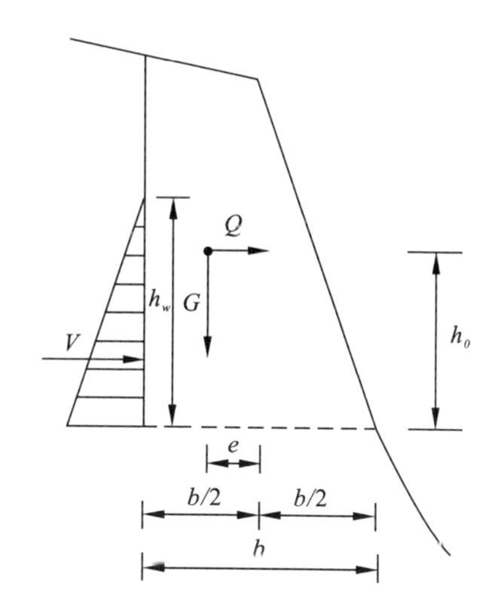

图 C.5 折断式倾倒崩塌计算简图

$$F_s = \frac{\frac{1}{6}\sigma_k b^2 + G \cdot e}{Q \cdot h_0 + \frac{1}{3}V \cdot h_w} \quad \text{(C.26)}$$

当危岩体重心位于崩塌体底面中点外侧时，由底部岩体抗拉强度控制的倾倒式崩塌稳定性可按下式计算：

$$F_s = \frac{\frac{1}{6}\sigma_k b^2}{Q \cdot h_0 + G \cdot e + \frac{1}{3}V \cdot h_w} \quad \text{(C.27)}$$

式中：

e——块体重心到块体底面中点的水平距离（即块体重心偏心距），单位为米（m）；

h_0——块体重心到块体底面中点的竖直距离（即块体重心高度），单位为米（m）；

其他符号意义同前。

当块体的截面宽度变化较大时，应将若干截面宽度变化较大处的截面视为可能的块体底面计算稳定系数。

C.3 坠落式崩塌稳定性计算

C.3.1 坠落式崩塌下切稳定性可按下式计算（图 C.6）：

$$F_s = \frac{(H-h) \times c}{G} \quad \text{(C.28)}$$

式中：

c——崩塌体黏聚力，单位为千帕（kPa）；

H——后缘裂隙上端到未贯通段下端的垂直距离（即危岩悬臂高度），单位为米（m）；

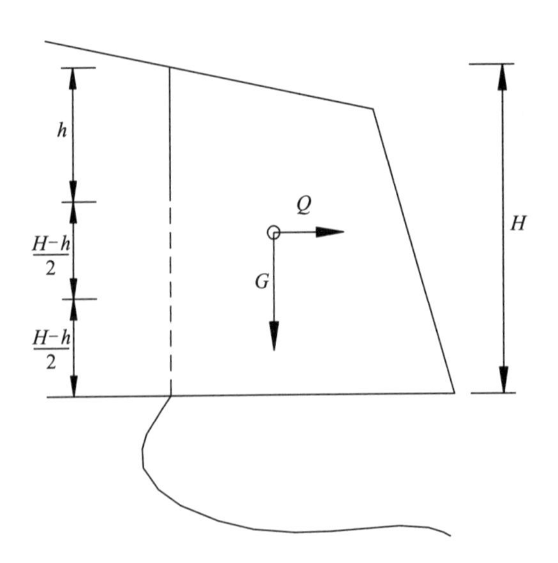

图 C.6　坠落式崩塌下切计算简图

h——后缘裂隙深度，单位为米(m)。

其他符号意义同前。

C.3.2　坠落式崩塌折断稳定性计算(图 C.7)：

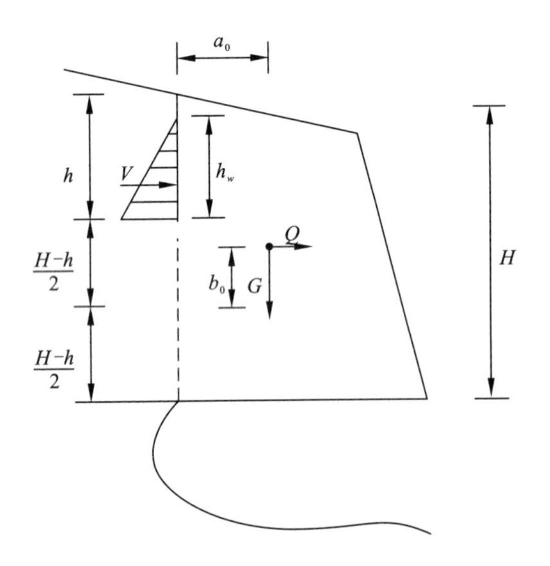

图 C.7　坠落式崩塌折断计算简图

$$F_s=\frac{\frac{1}{6}\sigma_k\,(H-h)^2}{Ga_0+Qb_0+V\left[\frac{1}{3}h_w+\frac{1}{2}(H-h)\right]}\quad\cdots\cdots\cdots\cdots\cdots\cdots\text{(C.29)}$$

式中：

G——崩塌体重力，单位为千牛每米(kN/m)；

a_0，b_0——块体重心与后缘铅垂面中点的水平距离与垂直距离，单位为米(m)；

σ_k——岩体抗拉强度标准值，单位为千帕(kPa)。

其他符号意义同前。

附　录　D
（规范性附录）
锚杆选型

表 D.1 锚杆选型

锚杆类别 \ 锚固型式 \ 锚杆特征	材料	锚杆轴向拉力 N_{ak}/kN	锚杆长度 L/m	应力状况	备注
土层锚杆	普通螺纹钢筋	<300	<16	非预应力	锚杆超长时，施工安装难度较大
	钢绞线 高强钢丝	300～800	>10	预应力	锚杆超长时施工方便
	预应力螺纹钢筋（直径 18 mm～25 mm）	300～800	>10	预应力	杆体防腐性好，施工安装方便
	无黏结钢绞线	300～800	>10	预应力	压力型、压力分散型锚杆
岩层锚杆	普通螺纹钢筋	<300	<16	非预应力	锚杆超长时，施工安装难度较大
	钢绞线 高强钢丝	300～3 000	>10	预应力	锚杆超长时施工方便
	预应力螺纹钢筋（直径 25 mm～32 mm）	300～1 100	>10	预应力或非预应力	杆体防腐性好，施工安装方便
	无黏结钢绞线	300～3 000	>10	预应力	压力型、压力分散型锚杆

附　录　E
（规范性附录）
柔性防护网配置型号

E.1　主动网柔性防护网配置选型

表 E.1　常用主动网结构配置及防护功能

型号	网型	结构配置	主要防护功能
GAR1	钢丝绳网	边沿（或上沿）钢丝绳锚杆＋支撑绳＋缝合绳	围护作用，限制落石运动范围，部分抑制崩塌发生
GAR2	钢丝绳网	系统钢丝绳锚杆＋支撑绳＋缝合绳，孔口凹坑＋张拉	边坡加固，抑制崩塌和风化剥落、溜坍的发生，限制局部或少量落石运动范围
GPS1	钢丝绳网＋钢丝格栅	同 GAR1	同 GAR1，有小块落石时选用
GPS2	钢丝绳网＋钢丝格栅	同 GAR2	同 GAR2，有小块危岩或土质边坡时选用
GER1	钢丝格栅	同 GAR1，但用铁线缝合	同 GAR1，但落石块体较小且寿命要求较短时选用，以碎落防护为主
GER2	钢丝格栅	同 GAR2，但用铁线缝合	同 GAR2，但危石块体较小且寿命要求较短时选用
GTC－65A	高强度钢丝格栅	预应力钢筋锚杆＋孔口凹坑＋缝合绳（根据需要选用边界支撑绳和钢丝绳锚杆）	同 GPS2，能满足可达 100 年或更长的防腐寿命要求，但其加固能力仅为其 70 %～80 %左右，不适合体积大于 1 m^3 大块孤石的防护
GTC－65B	高强度钢丝格栅	同 GAR1	同 GAR1，能满足可达 100 年或更长的防腐寿命要求，但不适合体积大于 1 m^3 大块落石的防护

E.2　被动网柔性防护网配置选型

表 E.2 常用被动网结构配置及防护功能

型号	网型	结构配置	主要防护功能
RX－025	DO/08/250	钢柱＋支撑绳＋拉锚系统＋缝合绳＋减压环	拦截撞击能 250 kJ 以内的落石
RX－050	DO/08/200	同 RX－025	拦截撞击能 500 kJ 以内的落石
RX－075	DO/08/150	同 RX－025	拦截撞击能 750 kJ 以内的落石
RXI－025	R5/3/300	钢柱＋支撑绳＋拉锚系统＋缝合绳	同 RX－025
RXI－050	R7/3/300	同 RXI－025	同 RX－050

表 E.2 常用被动网结构配置及防护功能(续)

型号	网型	结构配置	主要防护功能
RXI-075	R7/3/300	同 RX-025	同 RX-075
RXI-100	R9/3/300	同 RX-025	拦截撞击能 1 000 kJ 以内的落石
RXI-150	R12/3/300	同 RX-025	拦截撞击能 1 500 kJ 以内的落石
RXI-200	R19/3/300	同 RX-025	拦截撞击能 2 000 kJ 以内的落石
AX-015	DO/08/250	同 RX-025	拦截撞击能 150 kJ 以内的落石
AX-030	DO/08/200	同 RX-025	拦截撞击能 300 kJ 以内的落石
AXI-015	R5/3/300	同 RXI-025	同 AX-015
AXI-030	R7/3/300	同 RX-025	同 AX-030
CX-030	DO/08/200	同 RX-025	同 AX-030
CX-050	DO/08/150	同 RX-025	同 RX-050
CXI-030	R7/3/300	同 RXI-025	同 AX-030
CXI-050	R7/3/300	同 RX-025	同 RX-050

注:表中型号后边的数字代表被动网的能量吸收能力。如“050”表示系统最大能量吸收能力为 500 kJ,“150”表示系统最大能量吸收能力为 1 500 kJ,依次类推。

附　录　F
（规范性附录）
拦石墙缓冲层厚度计算

F.1　拦石墙缓冲厚度计算

落石冲击陷入缓冲层的单位面积阻力：

$$p = 2\gamma Z\left[2\tan^4(45° + \frac{\varphi}{2}) - 1\right] \quad \text{(F.1)}$$

落石冲击陷入深度：

$$Z = v_i\sqrt{\frac{G}{2g\gamma F}} \times \sqrt{\frac{1}{2\tan^4(45° + \frac{\varphi}{2}) - 1}} \quad \text{(F.2)}$$

式中：

γ——缓冲层材料重度，单位为千牛每立方米（kN/m^3）；

φ——缓冲层内摩擦角，单位为度（°）；

g——重力加速度，单位为米每平方秒（m/s^2）；

G——落石重量，单位为千牛每立方米（kN/m^3）；

F——落石等效球体的截面积，单位为平方米（m^2）；

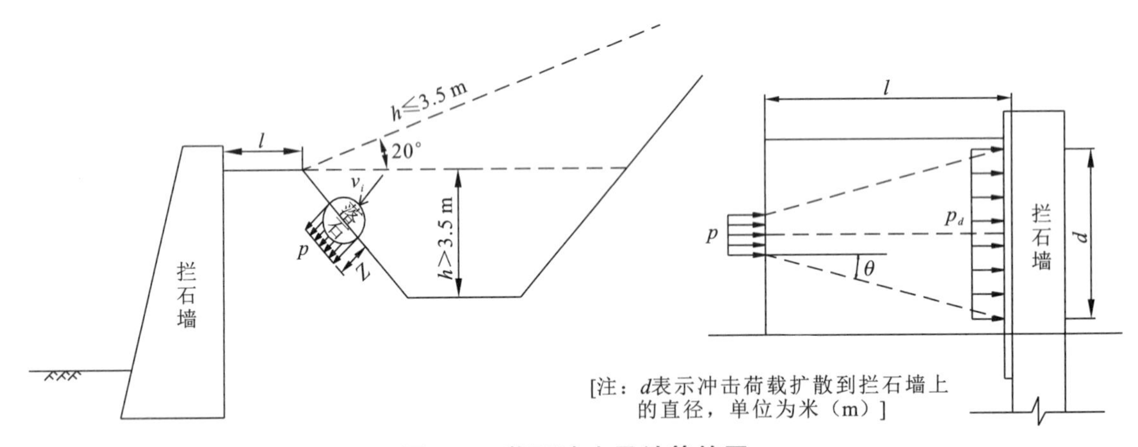

图 F.1　落石冲击及计算简图

等效冲击荷载：

$$p_d = pR^2/(R + l\tan\theta)^2 \quad \text{(F.3)}$$

式中：

p_d——拦石墙上等效冲击荷载，单位为千帕（kPa）；

R——落石等效球体半径，单位为米（m）；

l——设计缓冲层厚度，单位为米（m）；

θ——扩散角，$\theta = 45° - \frac{\varphi}{2}$。

附 录 G
（规范性附录）
危岩崩塌支撑柱（墙）反力计算

G.1 坠落式危岩支撑体反力计算

G.1.1 对后缘有陡倾裂隙的悬挑式崩塌危岩支撑体反力按式 G.1、式 G.2 计算，选取两种计算结果中的较大值（图 G.1）：

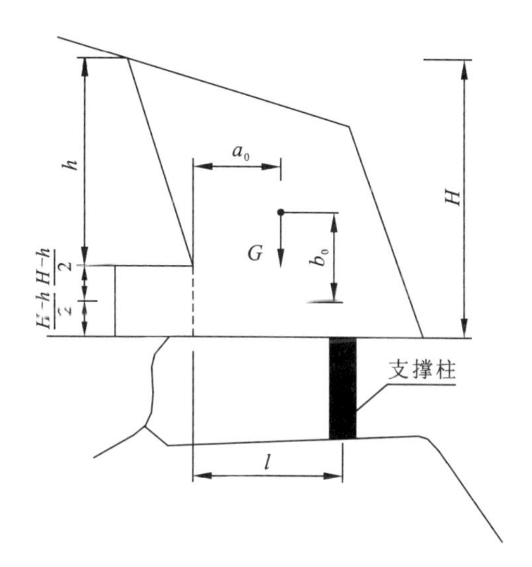

图 G.1 后缘有陡倾裂隙坠落式崩塌支撑体反力计算示意图

$$R_1 = F_{st} \cdot G + Q\tan\varphi - c(H-h) \quad \cdots\cdots (G.1)$$

$$R_2 = \frac{F_{st}(Ga_0 + Qb_0) - \zeta \cdot \sigma_k \cdot (H-h)^2}{l} \quad \cdots\cdots (G.2)$$

$$Q = \zeta_e G \quad \cdots\cdots (G.3)$$

$$R = \mathrm{Max}(R_1, R_2) \quad \cdots\cdots (G.4)$$

式中：

ζ——崩塌抗弯力矩计算系数，依据潜在破坏面形态取值，一般可取 1/12～1/6，当潜在破坏面为矩形时可取 1/6；

ζ_e——地震作用水平系数；

Q——地震力，单位为千牛每米（kN/m）；

H——后缘裂隙上端到未贯通段下端的垂直距离，单位为米（m）；

h——后缘裂隙深度，单位为米（m）；

a_0——崩塌体重心到潜在破坏面的水平距离，单位为米（m）；

b_0——崩塌体重心到潜在破坏面形心的铅垂距离，单位为米（m）；

l——柱撑体距离主控裂隙面在危岩底部出露点的水平距离，单位为米（m）；

σ_k——崩塌体抗拉强度标准值，单位为千帕(kPa)，根据岩石抗拉强度标准值乘以0.20的折减系数确定；

c——崩塌体黏聚力标准值，单位为千帕(kPa)；

φ——崩塌体内摩擦角标准值，单位为度(°)。

G.1.2 对后缘无陡倾裂隙的悬挑式崩塌危岩支撑体反力按式G.5、式G.6计算，选取两种计算结果中的较大值(图G.2)：

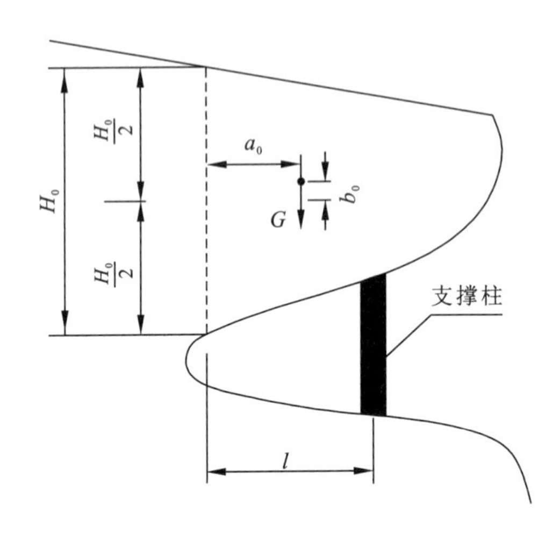

图G.2 后缘无陡倾裂隙的坠落式崩塌支撑体反力计算示意图

$$R_1 = F_{st} \cdot G + Q\tan\varphi - cH_0 \quad \cdots\cdots (G.5)$$

$$R_2 = \frac{F_{st}(Ga_0 + Qb_0) - \zeta \cdot \sigma_k \cdot H_0^2}{l} \quad \cdots\cdots (G.6)$$

$$R = \mathrm{Max}(R_1, R_2) \quad \cdots\cdots (G.7)$$

式中：

H_0——崩塌体后缘潜在破坏面高度，单位为米(m)；

σ_k——崩塌体抗拉强度标准值，单位为千帕(kPa)，根据岩石抗拉强度标准值乘以0.30的折减系数确定；

其他符号意义同前。

G.2 倾倒式危岩支撑体反力计算

危岩体重心在倾覆点之外时：

$$R = \frac{F_{st}\left\{G \cdot a + Qh_0 + V\left[\frac{H-h}{\sin\beta} + \frac{h_w}{3\sin\beta} + \frac{b}{\cos\alpha}\cos(\beta-\alpha)\right]\right\} - \frac{1}{2}\sigma_k \cdot \frac{H-h}{\sin\beta}\left[\frac{2}{3}\frac{H-h}{\sin\beta} + \frac{b}{\cos\alpha}\cos(\beta-\alpha)\right]}{l} \quad \cdots\cdots (G.8)$$

危岩体重心在倾覆点之内时：

$$R = \frac{F_{st}\left\{Qh_0 + V\left[\frac{H-h}{\sin\beta} + \frac{h_w}{3\sin\beta} + \frac{b}{\cos\alpha}\cos(\beta-\alpha)\right]\right\} - G \cdot a - \frac{1}{2}\sigma_k \cdot \frac{H-h}{\sin\beta}\left[\frac{2}{3}\frac{H-h}{\sin\beta} + \frac{b}{\cos\alpha}\cos(\beta-\alpha)\right]}{l} \quad \cdots\cdots (G.9)$$

$$V = \frac{1}{2}\gamma_w h_w^2 \quad \cdots\cdots (G.10)$$

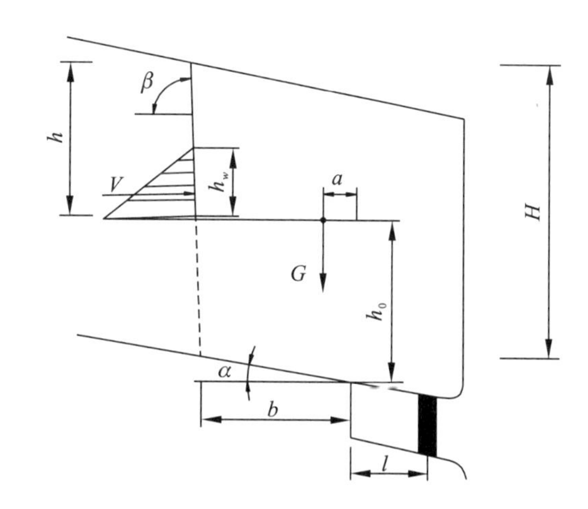

图 G.3 倾倒式危岩支撑体反力计算示意图

式中：

H——后缘裂隙上端到未贯通段下端的垂直距离，单位为米（m）；

V——裂隙水压力，单位为十牛每米（kN/m）；

γ_w——水的容重，单位为千牛每立方米（kN/m^3）；

h_w——后缘裂隙充水高度，单位为米（m）；

a——危岩体重心到倾覆点的水平距离，单位为米（m）；

b——后缘裂隙未贯通段下端到倾覆点之间的水平距离，单位为米（m）；

h_0——危岩体重心到倾覆点的垂直距离，单位为米（m）；

σ_k——危岩体抗拉强度标准值，单位为千帕（kPa），根据岩石抗拉强度标准值乘以 0.4 的折减系数确定；

α——危岩体与基座接触面倾角，单位为度（°），外倾时取正值，内倾时取负值；

β——后缘裂隙倾角，单位为度（°）。

附 录 H
（资料性附录）
崩塌落石冲击力及弹跳运动轨迹

H.1 崩塌落石冲击力

根据日本道路协会基于落石自由落体运动冲击力的试验数据及 Hertz 弹性碰撞理论得出的经验公式，并考虑法向和切向恢复系数得出适用于倾倒式和坠落式危岩落石冲击力的计算公式：

竖向：

$$q_{Y\max} = \frac{(1+k_n)\times 2.108\times G^{\frac{2}{3}}\times \lambda^{\frac{2}{5}}\times H^{\frac{3}{5}}\times \sin\beta}{\pi(R+h\times \tan\varepsilon)^2} \qquad \text{(H.1)}$$

水平向：

$$q_{X\max} = \frac{(1+k_t)\times 2.108\times G^{\frac{2}{3}}\times \lambda^{\frac{2}{5}}\times H^{\frac{3}{5}}\times \cos\beta}{\pi(R+h\times \tan\varepsilon)^2} \qquad \text{(H.2)}$$

$$\varepsilon = 45^\circ - \frac{\varphi}{2} \qquad \text{(H.3)}$$

式中：

$q_{X\max}$、$q_{Y\max}$——分别为水平向和竖向最大分布荷载，单位为千帕(kPa)；

G——落石质量，单位为吨(t)；

k_n、k_t——分别为法向恢复系数、切向恢复系数，具体取值详见表 H.1；

λ——拉梅系数，单位为千牛每平方米(kN/m^2)，建议取 1 000；

H——落石至碰撞点高度，单位为米(m)；

h——结构缓冲土层厚度，单位为米(m)；

ε——冲击力缓冲土层扩散角，单位为度(°)，按式(H.3)计算；

φ——冲击力缓冲土层内摩擦角，单位为度(°)；

β——冲击力入射角，单位为度(°)；

R——落石等效半径高度，单位为米(m)。

当落石沿坡面滚动时，冲击力入射角 β 取坡面与缓冲层顶面相交处切线夹角；当落石沿坡面弹跳时，冲击力入射角 β 取落石坠入缓冲层时速度方向与缓冲层顶面的夹角。崩塌落石法向恢复系数、切向恢复系数可按表 H.1 取值。

表 H.1 法向恢复系数 k_n 和切向恢复系数 k_t 取值

取值来源	坡面覆盖层特征及场地描述	k_n	k_t
美国联邦公路 CRSP 程序，2004	极软：以拳击易被打入几英寸(1 英寸=2.54 cm)	0.10	0.50
	软：拇指易压入几英寸	0.10	0.55
	坚实：一般用力下拇指可压入几英寸	0.15	0.65
	坚硬：拇指易压出痕迹，但需极用力才可压入	0.15	0.70

表 H.1 法向恢复系数 k_n 和切向恢复系数 k_t 取值(续)

取值来源	坡面覆盖层特征及场地描述	k_n	k_t
美国联邦公路CRSP程序，2004	极坚硬:易被拇指指甲划伤	0.20	0.75
	坚固:难于被拇指指甲划伤	0.20	0.80～0.85
	极软岩:可被拇指指甲划伤	0.15	0.75
	较软岩:地质锤尖击打可破碎,易被小刀切削	0.15	0.75
	软岩:难被小刀切削,可被地质锤击打出浅坑	0.20	0.80
	中等岩:小刀不能切削,可被地质锤一下击碎	0.25	0.85
	硬岩:试件需要不止一下才可击碎	0.25～0.30	0.90
	较硬岩:试件需要多次才能击碎	0.25～0.30	0.90～1.00
	极硬岩:试件仅能被地质凿切割	0.25～0.30	0.90～1.00
Giani,1992	基岩裸露	0.50	0.95
	块石堆积层	0.35	0.85
	岩屑堆积层	0.30	0.70
	土层	0.25	0.55

H.2 崩塌落石弹跳运动轨迹

崩塌落石弹跳运动轨迹包括落石弹跳高度及滚动距离,可参见《崩塌防治工程勘查规范》(T/CAGHP 011—2018)附录F计算。

附　录　I
（资料性附录）
棚洞结构受力计算

I.1　棚洞结构自重

棚洞顶板或拱圈一般为等截面，计算自重时简化为垂直均布荷载，如图 I.1 所示，其值为：

$$q = \gamma d_0 \quad \cdots\cdots (I.1)$$

式中：

q——结构自重，单位为千牛每平方米（kN/m^2）；

γ——钢筋混凝土容重，一般取 25 kN/m^3；

d_0——棚洞结构厚度，单位为米（m）。

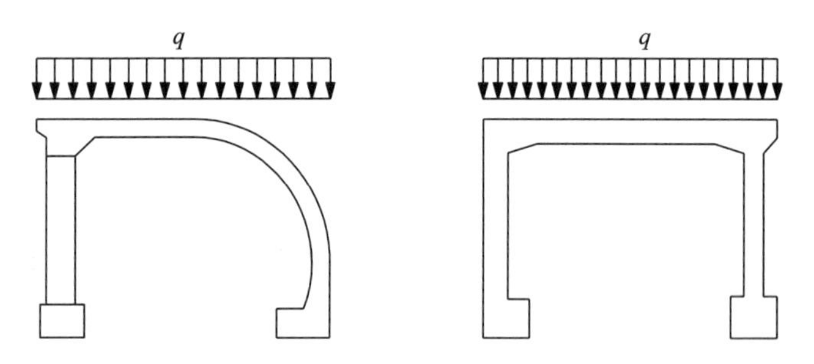

图 I.1　结构自重简化均布荷载示意图

I.2　回填土压力

I.2.1　竖向压力

棚洞回填土石竖向压力为（图 I.2）：

$$q_i = \gamma_1 h_i \quad \cdots\cdots (I.2)$$

式中：

q_i——棚洞结构上任意点 i 回填土石竖向压力，单位为千牛每平方米（kN/m^2）；

γ_1——回填土石容重，一般取 20 kN/m^3；

h_i——棚洞结构上任意点 i 回填土石高度，单位为米（m）。

I.2.2　侧压力

I.2.2.1　棚洞拱圈所受回填土石侧压力计算为：

$$e_i = \gamma_1 h_i \lambda \quad \cdots\cdots (I.3)$$

式中：

e_i——棚洞结构上任意点的侧向压力，单位为千牛每米（kN/m）；

λ——侧压力系数。

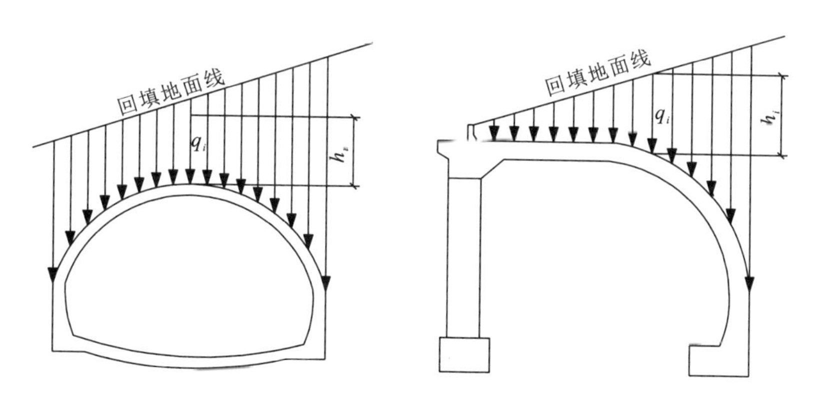

图 I.2　回填土石竖向压力示意图

侧压力系数 λ，根据不同条件，分别按无限土体和有限土体两种不同方法计算。如果山体无侧压力，临时开挖边坡稳定，其开挖坡率陡于按有限土体计算方法得出的最大侧压力开挖坡率时，可根据实际开挖坡率，按有限土体计算侧压力。反之，当开挖坡率缓于或等于按有限土体计算方法得出的最大侧压力开挖坡率时，其侧压力值应按无限土体计算。

按有限土体计算方法得出的土体最大侧压力的开挖坡率 n' 为：

$$n'=\frac{\mu m(\mu+\tan\rho)-\sqrt{m(\mu+\tan\rho)(\mu^2+1)(\mu m-1)}}{1+\mu^2-\mu m+\mu^2 m\tan\rho} \quad \text{(I.4)}$$

式中：

n'——产生最大侧压力的开挖坡率；

μ——回填土石与开挖坡面间的摩擦系数；

m——回填土石面坡率；

ρ——侧向压力作用方向与水平线的夹角（$\rho=0\sim\varphi$，φ 为回填材料内摩擦角，土石回填一般取 $\varphi=30°$）。

当 $n<n'$ 即边坡开挖坡率陡于土体产生最大侧压力的开挖坡率，此时，按有限土体计算方法计算侧压力（图 I.3）。

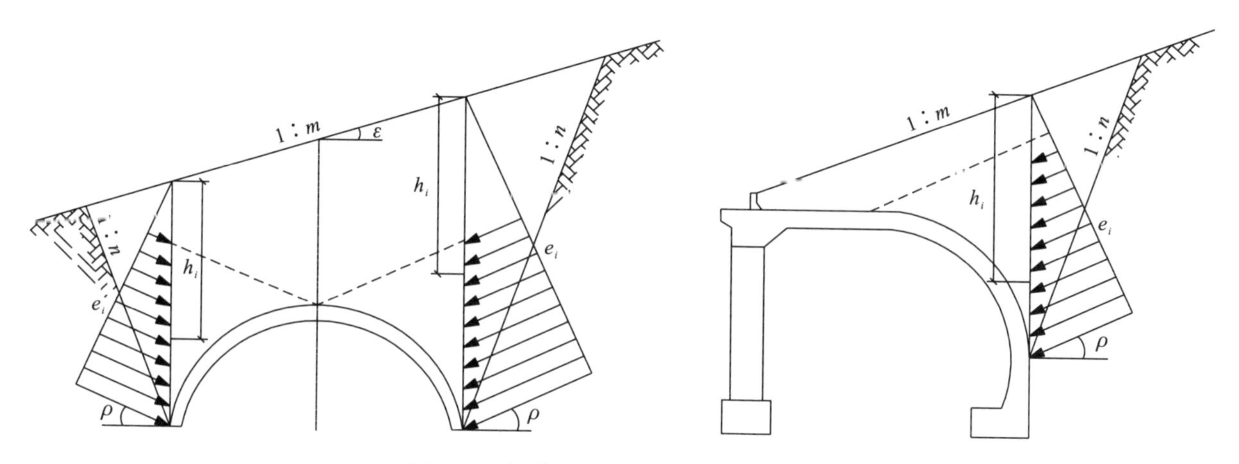

图 I.3　按有限土体计算拱圈侧压力

对右侧(回填土石坡面向上倾斜)侧压力系数计算为:

$$\lambda = \frac{1-\mu n}{(\mu+n)\cos\rho+(1-\mu n)\sin\rho} \times \frac{mn}{m-n} \qquad \text{(I. 5)}$$

对左侧(回填土石坡面向下倾斜)侧压力系数计算为:

$$\lambda = \frac{1-\mu n}{(\mu+n)\cos\rho+(1-\mu n)\sin\rho} \times \frac{mn}{m-n} \qquad \text{(I. 6)}$$

当回填土石坡面水平时,即 $m=\infty$,且侧压力作用方向水平,即 $\rho=0$ 时:

$$\lambda = n\frac{1-\mu n}{\mu+n} \qquad \text{(I. 7)}$$

当 $n \geqslant n'$ 即边坡开挖坡率缓于(或等于)土体产生最大侧压力的开挖坡率,此时,按无限土体计算方法计算侧压力(图 I. 4)。

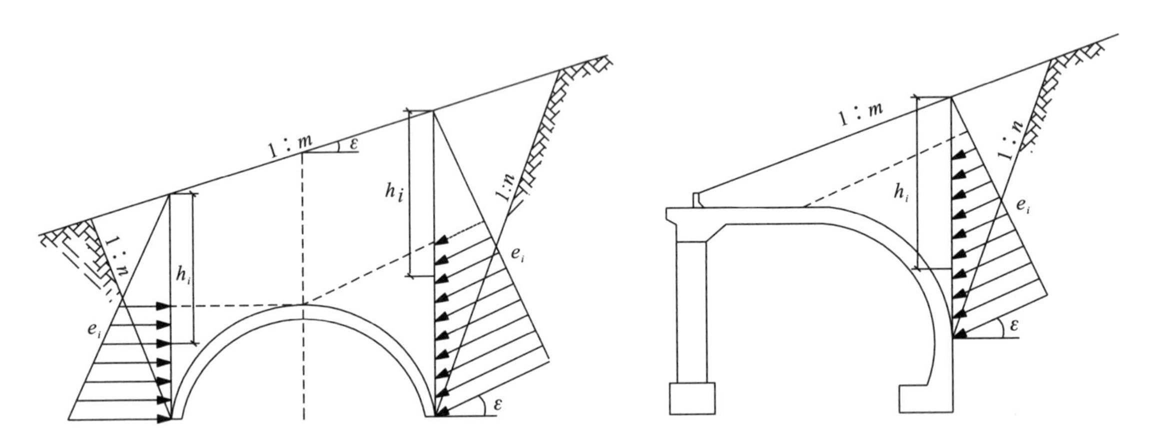

图 I. 4　按无限土体计算拱圈侧压力

对右侧(回填土石坡面向上倾斜)侧压力系数计算为:

$$\lambda = \cos\varepsilon\frac{\cos\varepsilon-\sqrt{\cos^2\varepsilon-\cos^2\varphi}}{\cos\varepsilon+\sqrt{\cos^2\varepsilon-\cos^2\varphi}} \qquad \text{(I. 8)}$$

或

$$\lambda = \frac{1-\mu n'}{(\mu+n')\cos\rho+(1-\mu n')\sin\rho} \times \frac{mn'}{m-n'} \qquad \text{(I. 9)}$$

式中:

ε——设计填土倾角,单位为度(°);

φ——拱圈回填土石内摩擦角,单位为度(°)。

对左侧(回填土石坡面向下倾斜)侧压力系数计算为:

$$\lambda = \frac{\tan\theta}{\tan(\theta+\varphi)(1+\tan\varepsilon\tan\theta)} \qquad \text{(I. 10)}$$

其中:

$$\tan\theta = \frac{-\tan\varphi+\sqrt{(1+\tan^2\varphi)(1+\frac{\tan\varepsilon}{\tan\varphi})}}{1+(1+\tan^2\varphi)\times\frac{\tan\varepsilon}{\tan\varphi}} \qquad \text{(I. 11)}$$

当回填土石坡面水平时,即 $m=\infty$,且侧压力作用方向水平,即 $\rho=0$ 时,

$$\lambda = n'\frac{1-\mu n'}{\mu+n'} \quad \text{或} \quad \lambda = \tan^2(45^\circ-\frac{\varphi}{2}) \qquad \text{(I. 12)}$$

其中,

$$n' = -\mu+\sqrt{\mu^2+1} \qquad \text{(I. 13)}$$

I. 2. 2. 2　直墙墙背侧压力计算

假定墙背与回填土石之间摩擦系数为零，侧向压力作用方向水平，侧压力按下式计算(图 I. 5)：

$$e_i = \gamma' h_i' \lambda \quad \cdots\cdots (I.14)$$

式中：

γ'——直墙回填土石重度，单位为千牛每立方米(kN/m³)；

h_i'——直墙计算点换算高度，单位为米(m)，$h_i' = h_i'' + \frac{\gamma}{\gamma'} h_1$。

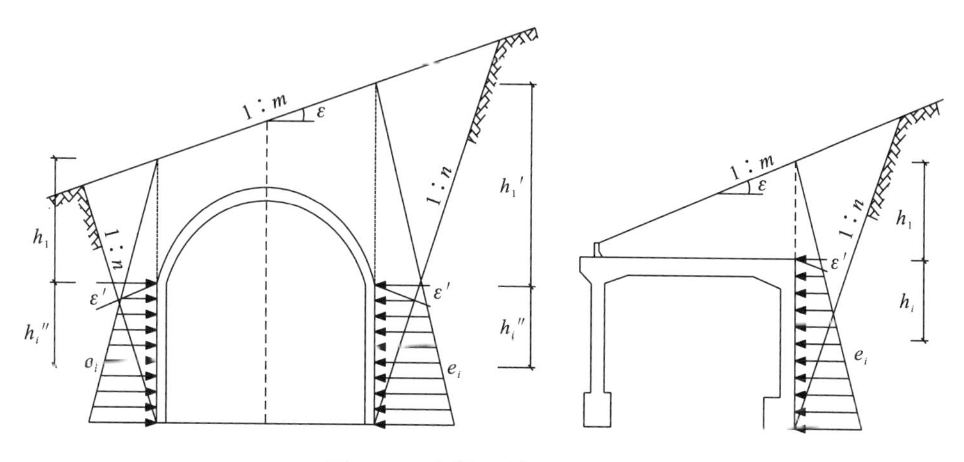

图 I. 5　直墙回填土石压力

对右侧(回填土石坡面向上倾斜)侧压力系数计算为：

$$\lambda = \frac{\cos^2\varphi'}{\left[1+\sqrt{\frac{\sin\varphi'\sin(\varphi'-\varepsilon')}{\cos\varepsilon'}}\right]^2} \quad \cdots\cdots (I.15)$$

式中：

ε'——换算回填土坡倾角，单位为度(°)，$\varepsilon' = \tan^{-1}(\frac{\gamma}{\gamma'}\tan\varepsilon)$；

对左侧(回填土石坡面向下倾斜)侧压力系数计算为：

$$\lambda = \frac{\tan\theta_0}{\tan(\theta_0+\varphi')(1+\tan\varepsilon'\tan\theta_0)} \quad 或 \quad \lambda = \frac{\cos^2\varphi'}{\left[1+\sqrt{\frac{\sin\varphi'\sin(\varphi'+\varepsilon')}{\cos\varepsilon'}}\right]^2} \quad \cdots\cdots (I.16)$$

式中：

$$\tan\theta_0 = \frac{-\tan\varphi'+\sqrt{(1+\tan^2\varphi')(1+\frac{\tan\varepsilon'}{\tan\varphi'})}}{1+(1+\tan^2\varphi')\times\frac{\tan\varepsilon'}{\tan\varphi'}} \quad \cdots\cdots (I.17)$$

当回填土石坡面水平时，即 $m=\infty$，此时：

$$\lambda = \tan^2(45°-\frac{\varphi'}{2}) \quad \cdots\cdots (I.18)$$

I.3 结构附加恒载

结构附加恒载主要指结构内部各种设备荷载，包括照明灯具、内部装饰灯荷载。荷载标准值按实际重量计算。

I.4 可变荷载

棚洞设计可变荷载包括雪荷载和风荷载，荷载标准值可参照《建筑结构荷载规范》(GB 50009)规范确定。

I.5 偶然荷载

棚洞设计偶然荷载包括落石冲击荷载和地震荷载。落石冲击荷载可参照附录 H 计算，地震荷载可参照附录 B 计算。

附 录 J
（资料性附录）
土质崩塌破坏模式与治理措施

表 J.1 土质崩塌破坏模式与治理措施

发生部位	破坏模式	破坏过程典型特点	破坏驱动机制	防治对策
坡顶	崩落式	黄土边坡坡面上的土体悬空，失去支撑而发生坍塌，类似坠落	由于风化顶部土体产生剥落、悬空拉裂破坏坠落	推荐采用：消减推动滑坡产生域的物质（或以轻材料置换），如粗颗粒材料构筑成的支撑护墙、重力式（或其他形式）挡土墙、土钉锚等
	台阶式	直立黄土边坡被垂直节理切割为板状，柱状土体，沿垂直节理底部发生拉裂后产生叠瓦式错断	由于坡顶存在显著软弱垂直节理或大裂隙切割，黄土体呈现分层拉裂错断	推荐采用：增加维持坡顶稳定区物质（反压马道）等、加筋挡土墙、锚索（有或无预应力）及种植植被（根系力学加固）
	倾倒式	黄土斜坡的坡顶附近被垂直节理或裂缝切割，被切割的土体下部有顺坡倾伏的古土壤层或古风化面，发生倾覆破坏	由于外界等环境作用，坡顶黄土体拉裂后倾覆跌落	推荐采用：有效的防排水体系、欠稳定坡体预加固、动态化监控
坡面中上部	冻融剥落式	黄土中存在大量古土壤。古土壤黏粒含量较高，含水量较大，在冻融作用下力学强度的变化大于上部黄土层	由于冻融作用，土体发生胀缩而形成类似于纹沟和细沟的裂纹	推荐采用：液压喷播植草防护、三维网植草防护、土工格室、排水沟等
	冲刷剥落式	黄土地区降雨时间集中，又多以暴雨形式出现，黄土边坡极易受雨水及地表水的破坏，表现为击溅侵蚀、细沟侵蚀、浅沟侵蚀、跌水等形式	由于雨水的冲刷形成沟槽带状形式	推荐采用：客土喷播植草防护、液压喷播植草防护、三维网植草防护、土工格室、排水沟等
	崩落式	近直立或直立黄土边坡因坡脚开挖窑洞或风化侵蚀剥落，造成边坡中上部土体悬空，后缘垂直裂隙因卸荷作用或降雨入渗强度降低发生拉裂	由于坡脚窑洞开挖或风化，坡面前缘土体悬空，土体重心靠后产生下挫	推荐采用：消减推动滑坡产生域的物质（或以轻材料置换）、粗颗粒材料构筑成的支撑护坡墙（水文效果）、被动桩、墩、沉井、块石桩或石灰桩、水泥桩（滑带土改良）
	倾倒式	多见于有倾向临空面的结构面（多呈平面、楔形或弧形）	由于节理，土体形成板状、柱状，在重心偏离时发生倾倒破坏	推荐采用：格构植草防护、三维网植草防护、液压喷播植草防护、穴种植草防护、护面墙防护、土工格室及排水沟等

表 J.1　土质崩塌破坏模式与治理措施(续)

发生部位	破坏模式	破坏过程典型特点	破坏驱动机制	防治对策
坡面中下部(含坡脚)	片状剥落式	多发生在 Q_4 及 Q_3^2 黄土层中，以薄片形式沿坡面剥落	坡面形成初期，由于土体水分蒸发、温度变化等原因使坡面形成硬壳脱离坡体	推荐采用：营养麦草防护、湿法喷播防护、客土喷播防护、骨架植物防护、喷护、护面墙防护、排水沟等
	层状剥落式	多出现在 Q_4 冲积成因的黄土层中，近水平层状剥落	因冲积产生不同成分黄土层，在风化等外营力作用下沿层理破坏	推荐采用：营养麦草防护、湿法喷播防护、客土喷播防护、骨架植物防护、护面墙防护，辅助排水沟等
	结皮剥落式	多出现在 Q_4 及 Q_3^2 黄土层中，以坡面苔藓层剥落为主	坡面表层生长的苔藓因季节变化产生的脱落	推荐采用：营养麦草防护、湿法喷播防护、客土喷播防护、骨架植物防护、护面墙防护，辅助排水沟等
	局部滑移式	多出现在 Q_4 及 Q_3^2 黄土层中，一般发生在坡面中下部	由于施工等外界因素，下部土体脱离坡面体发生滑动脱落	推荐采用：对坡面中下部采用护面墙、坡脚浆砌片石护脚、护脚上部坡面采用客土喷播防护，辅助排水沟
	切削坡脚扰动	人工开挖坡脚诱发坡面下部滑塌、掉块	由于人为切削坡脚原因造成坡脚以上部位大面积塌落，属扰动型驱动	推荐采用：改用小扰动开挖方式或分台阶施工、施工前对不稳定坡段预加固
整个坡体	整体滑移式	黄土土层单一，沿坡体内部软弱面发生整体滑移	坡体内部发育有软弱面，受外界雨水冲刷等因素使坡体发生整体滑动破坏	推荐采用：减缓斜坡总坡度，采用长土钉墙、锚杆，辅助排水系统等
	冒落式	掘进窑洞过程或后期扰动，引起黄土边坡内部失稳，沿窑洞洞顶发生冒落崩塌	人类工程活动对黄土边坡扰动效应	推荐采用：预防性选择安全掘窑地点；掘进时加强实时支护，并加强监测
	倾倒式	黄土土层单一，沿贯穿整个坡体的垂直节理面发生倾覆破坏	存在显著张开型垂直大节理，且受外营力(冲刷、扰动等)影响显著	推荐采用：垂直节理及时灌浆处理，并做好附近防排水系统
	混合崩塌式	以上几种崩塌方式的混合表现形式	由于应力、构造、扰动因素等混合影响，同时呈现多种破坏模式	

中国地质灾害防治工程行业协会团体标准

崩塌防治工程设计规范（试行）

T/CAGHP 032—2018

条 文 说 明

目　　次

4　基本规定 …… 61
4.1　一般规定 …… 61
4.2　崩塌分类 …… 61
4.4. 设计原则 …… 62
5　荷载分析与计算 …… 62
5.2　稳定性计算 …… 62
5.3　稳定性评价 …… 63
6　崩塌防治工程设计 …… 63
6.2　清除 …… 63
6.3　锚固 …… 63
6.4　防护网与拦石墙 …… 64
6.5　支撑与嵌补 …… 64
6.6　抗滑桩(键) …… 65
6.7　棚洞 …… 65
6.9　挂网喷锚 …… 67
6.10　截、排水工程 …… 67
6.11　其他防护措施 …… 68
7　监测 …… 70
7.2　监测设计 …… 70
7.4　监测期限及周期 …… 70

4 基本规定

4.1 一般规定

4.1.9 动态设计法是本规范崩塌设计的基本原则。采用动态设计时，应提出对施工方案的特殊要求和监测要求，应掌握施工现场的地质状况、施工情况和变形、应力监测的反馈信息，并根据实际地质状况和监测信息对原设计作校核、修改和补充。当地质勘查参数难以准确确定、设计理论和方法带有经验性和类比性时，根据施工中反馈的信息和监控资料完善设计，是一种客观求实、准确安全的设计方法。

4.2 崩塌分类

4.2.1 关于崩塌的分类相关教科书、专著及规范各有不同。如按照物理特征分为岩层崩塌、土体崩塌、混合体崩塌和雪崩；按岩体破碎开裂的原因分为断层崩塌、节理裂隙崩塌、风化碎石崩塌和软硬岩层接触带崩塌等；按照动力成因分为地震、卸荷、降雨、侵蚀等自然动力型崩塌和砌蚀、洞掘、爆破等工程动力型崩塌；按照国土资源部《滑坡崩塌泥石流灾害调查规范》(DZ/T 0261—2014 附录 C)，对崩塌形成机理分类及特征描述如下表 1 所示。

表 1 崩塌形成机理分类及特征

类型	岩性	结构面	地形	受力状态	起始运动形式
倾倒式崩塌	黄土、直立或陡倾坡内的岩层	多为垂直节理、陡倾坡内—直立层面	峡谷、直立岸坡、悬崖	主要受倾覆力矩作用	倾倒
滑移式崩塌	多为软硬相间的岩层	有倾向临空面的结构面	陡坡通常大于 55°	滑移面主要受剪切力	滑移
鼓胀式崩塌	黄土、黏土、坚硬岩层下伏软弱岩层	上部垂直节理，下部为近水平的结构面	陡坡	下部软岩受垂直挤压	鼓胀伴有下沉、滑移、倾斜
拉裂式崩塌	多见于软硬相间的岩层	多为风化裂隙和重力拉张裂隙	上部突出的悬崖	拉张	拉裂
错断式崩塌	坚硬岩层、黄土	垂直裂隙发育，通常无倾向临空面的结构面	大于 45° 的陡坡	自重引起的剪切力	错落

由王安惠、崔建恒(2012)等编著的《公路边坡加固技术指南》一书中，将岩体崩塌按照破坏类型分为滑塌型、倾倒型、折断型、溃错型，本规范将发生折断型、溃错型破坏后坠落的，统一归为坠落式。

黄土崩塌按照破坏方式分为滑移式、倾倒式、坠落(错落)式、剥落式。本规范将其中以剥落式向下掉落的现象也归为坠落的一种。另外，还有类似土窑洞上方的黄土体因失去支撑而发生塌落、坍塌的现象也归为坠落。

重庆市地方标准《地质灾害防治工程设计规范》(DB 50/5029)根据失稳模式，把崩塌分为滑塌式、倾倒式和坠落式 3 类。

陈洪凯教授等(2006)建立了崩塌的成因分类模式，即从崩塌源崩塌体的群发性特征，宏观上把崩塌分为单体崩塌和群体崩塌两大类，认为群体由单体叠置组合而成，将单体崩塌分为压剪滑动型崩塌、拉剪倾倒型崩塌、拉裂坠落型崩塌和拉裂-压剪坠落型崩塌 4 类；将群体崩塌分为底部诱发破坏型崩塌和顶部诱发破坏型崩塌。

按照破坏方式不同，将崩塌的分类归纳后，本规范分为：滑移式、倾倒式、坠落式三大类，主要为便于防治结构计算、设计考虑。

4.4. 设计原则

4.4.1～4.4.2 崩塌治理方案选择的一般原则，主要从绕避灾害、预防灾害、减轻灾害的途径来进行选择。防治技术可分为加固、拦截与引导、遮盖等。不同破坏模式崩塌常采取不同的主动加固或被动防护等结构型式进行治理，由于受崩塌地质情况、崩塌与落石的随机性、不确定性以及落石经弹跳、滚动后运动轨迹、剩余能量的复杂性等影响，崩塌体的防治是一项复杂的系统工程，即使对单个崩塌体而言，单一的防治技术往往不能取得满意的防治效果。因此，在崩塌体(带)的防治过程中，往往需要两种或两种以上的防治技术结合使用，如主动治理技术之间的联合，被动防护技术之间的联合，也可以是主动与被动防治技术的联合。

我国区域范围广，环境地质条件差异大，防治新工艺、新材料、新技术不断发展，防治措施的选择需要综合考虑各种影响因素，其方法可以多种多样，但最终采取的防治措施应该是技术可行、安全可靠、经济合理、环保实用。

4.4.3 对现状工况和暴雨工况应考虑自重、裂隙水压力和工程荷载，同时对滑移式崩塌和倾倒式崩塌应分别考虑现状裂隙水压力和暴雨时裂隙水压力；对地震工况，考虑自重和地震力，滑移式崩塌和倾倒式崩塌还考虑暴雨(融雪)时裂隙水压力。

5 荷载分析与计算

5.2 稳定性计算

5.2.2～5.2.3 对于 3 种荷载组合中，计算所得危岩体稳定性系数最小者为设计荷载，而对处于特大型水利工程区或高频率强烈地震区的Ⅰ级(含特级)防治工程，设计荷载组合为“自重＋裂隙水压力(暴雨状态)＋地震力”；其中裂隙充水高度在自然状态下取裂隙深度的 1/3，在暴雨时取裂隙深度的 2/3；地震力取崩塌体自重与水平地震系数的乘积 $Q=\xi_e G$。

在进行崩塌体稳定性计算之前，应根据崩塌范围、规模、地质条件，崩塌体破坏模式及已经出现的崩塌路径，采用地质类比法对崩塌体的稳定性做出定性判断。崩塌稳定性分析评价的重点在于根据临空条件的岩土结构，分析坡体内部各部位的应力分布，寻找应力集中点。按照关键点、面、体的强度和应力对比，分析破坏的模式。崩塌是斜坡卸荷松弛带内的岩土体，当自重应力超过土体强度时，发生的解体破坏。经典土力学计算也是以此为对象，由于斜坡卸荷松弛带的应力状态与岩土体变形有关，很难简单描述，到目前为止还没有关于崩塌稳定性计算建立在静力极限平衡基础上的方法，只能作简单分析计算。

本规范针对岩质崩塌按崩塌模式分为：①岩质滑移式崩塌，按照后缘有、无陡倾裂隙和楔型体模式进行计算；②倾倒式崩塌，按拉断、折断两种模式进行计算；③坠落式崩塌，按下切、折断两种模式进行计算。对于复杂的岩质崩塌群体稳定性计算可采用专门的力学单元进行模拟。对于土质崩塌(含破碎或破碎软质岩崩塌体)稳定性计算可按崩塌破坏模式，依据岩质崩塌模式或按滑坡圆弧滑面形式的刚体极限平衡法等模式进行计算；黄土崩塌的形成条件和影响因素较复杂，与黄土层覆盖形态、黄土湿陷性、垂直节理裂隙和落水洞发育、潜在滑面状态、水体切蚀和软化、人工切坡建房修路、窑洞开挖等有关。崩塌体常沿张拉垂直节理、剪切滑面、黄土斜坡移动崩塌，不论是“先塌后滑”还是“先滑后塌”，其崩塌体的影响范围都有一定的规律。根据叶万军等(2013)研究，若坡底地面水平，不论什么运动方式，崩塌影响范围为斜坡高度的 40 %～60 %，随着坡度的变陡，崩滑距与斜坡高的比值也变大。当崩塌体自由飞落时，崩塌体的影响范围和碰撞前的坡度有关，当崩塌体在坡面滑动时，崩塌体的影响范围和斜坡的坡度有关。高位土质崩塌体塌落冲击及运动轨迹也可按附录 H 中的公式及土质相关参数进行估算。

5.3 稳定性评价

5.3.2 安全系数是极限应力与容许应力之比，包括不确定因素和工程重要性的安全储备，是崩塌治理设计的重要参数，对安全系数的确定应从崩塌活动可能造成的后果，治理工程措施的目的，危及的建筑物重要性，对崩塌性质、岩土结构和强度、内外影响因素等掌握的准确程度，控制崩塌发展的把握性及工程修复的难易程度等方面综合考虑。一般来说，对于规模较小、变形较快且易于查清的崩塌，安全系数可取小值，对于危害较大，可能产生严重后果或对崩塌的了解程度不够深入时，安全系数可以适当取得大一些。

6 崩塌防治工程设计

6.2 清除

6.2.1 清除就是通过对危岩体进行削方减载，消除潜在危险，是一种比较经济、施工方便的边坡治理方法，适用于有放坡条件、不危及后缘坡体整体稳定性及临近建构筑物、管线、道路及场地等安全和正常使用的情况。对于采取清除时坡体稳定性降低、影响周边环境安全的应慎重考虑，建议结合其他各类措施进行防治。清除时放坡坡率应结合当地经验，并参考行业各类标准选取，对地质条件复杂、防治标准高的应通过稳定性计算按照相关标准的规定。

6.2.2 常见的清除方式有以下几种。①人工削方清除：若危岩松动带为强风化岩层，岩体破碎，无大岩块，下方具有有效的防御措施时，可采用人工削方清除。从上向下清除，清完后的斜坡面最好呈台阶状，以利稳定。②爆破碎裂清除：若危岩前方无房屋和其他地面易损建筑，岩体坚硬，块体大，可采用此法清除。从危岩带上缘开始，按设计打炮孔，用炸药逐层清除。尽量用小爆破，控制药量，尤其注意施工人员和环境的安全。③膨胀碎裂清除：若危岩带前方有房屋和其他地面易损设施，可用此静态爆破法清除。做法：在危岩带上缘，垂直或微斜向下打若干炮孔，在孔中装约 2/3 孔深的静态膨胀炸药，上部 1/3 孔深用纯黏土填实密封。膨胀炸药吸湿后剧烈膨胀，使岩体碎裂，然后人工将碎裂的石块清除至指定位置。如此一层一层地剥下去，使清除的新鲜斜坡面呈阶梯形，此法施工简单、安全，对环境无明显影响，但投资略高于上述两种方法。清除应根据周边环境情况进行生态防护，尽量与周围环境相协调。

清除施工时应根据工程的具体情况、危岩崩塌体稳定性及现场条件等确定施工顺序，严格按照一定的施工顺序及有关要求进行，做好临时封闭、截排水、临时放坡、弃土渣及安全施工等工作。

6.3 锚固

6.3.3 构造设计

6.3.3.4 锚杆(索)钻孔倾角宜采用 15°～30°，有利于锚孔清孔和砂浆灌注；当岩层层面顺坡向时，锚杆(索)应与岩层面大角度相交，尽量与岩层面垂直。

6.3.3.5 锚杆垂直间距、水平间距不宜小于 2.0 m，避免造成锚杆锚固段产生群锚效应；当锚杆间距小于 2.0 m 时，锚杆应采用长短相间方式布置，避免群锚效应。

6.4 防护网与拦石墙

6.4.1 一般要求

6.4.1.9 拦石墙设计应采取因地制宜、安全可靠、经济合理、方便施工的原则，尽可能考虑当地的地形地貌、地质环境条件等。对地形条件恶劣，施工困难地区应采用其他拦截或加固措施；对石料来源困难地区，通过经济新比较，可采用混凝土或钢筋混凝土拦石墙。

6.4.1.11 拦石墙缓冲层材料宜采用挖落石槽产生的弃土作为缓冲层材料，或采用黏土、碎石土、碎石、粗砂等。如施工空间太小也可采用聚氨酯泡沫复合材料。

6.4.2 设计计算

6.4.2.2～6.4.2.3 落石运动分析按以下方法确定：

a) 现场滚石试验。现场选择代表性或危险断面直接进行滚石试验，测定滚石速度观察记录滚石运动轨迹，计算落石动能。

b) 计算模拟。根据运动学原理进行计算机模拟，其中需要考虑运动方式、坡面形态、坡面摩擦和阻力作用等。

c) 经验估算。根据边坡坡角和坡面状态对落石动能进行经验估算。

6.4.2.5 墙后落石空槽被填塞物堆积到岩块理论冲击中心齐平（落石空槽深度大于 3.5 m），或与该水平线构成 20°夹角向上倾斜（落石空槽深度小于或等于 3.5 m）时，覆填物和填塞物对拦石墙产生的侧压力。

6.4.4 施工及质量检验

6.4.4.2～6.4.4.4 主动防护系统测量放线应以坡脚指定起始防护位置为基准线，按从下而上的顺序进行。当边坡防护区域不大时，以坡面竖向中分线为另一基准线，将坡面划分为左右两区域，由中往两边、先下后上的顺序，当防护面积较大时，以竖向中分线为基准，以一定的长度和高度（通常取 10 倍锚杆间距）对坡面进行横竖向分块，除最外边区域以外，各区域均以两边往中间，由下向上顺序进行放线定位。

6.4.4.5 防护网铺装应沿坡面从上而下，先将其上边口固定于最顶部的横向支撑绳或锚杆上，然后顺坡铺展开；水平向相邻防护网在铺张时，网与网的边缘搭接 1～2 个网孔；铺展中下部防护网时，如纵向接缝处无支撑绳或锚杆固定，可将下部网边口与上部相邻网牢固扎接，然后再沿坡铺展开来。

6.5 支撑与嵌补

6.5.1 一般要求

6.5.1.1 危岩体支撑、嵌补后，当顶部存在较显著裂隙时，需采用地表封闭、无压灌浆、仰斜泄水孔等措施进行辅助处理。

6.5.1.2 基座或岩腔易风化岩层一般采用喷射混凝土、喷锚网、素混凝土等措施进行封闭处理，避免岩体进一步风化，保证基座稳定。

6.5.1.3 支撑柱高度较大时，支撑结构需采用横系梁、锚拉杆等措施进行加固，以提高其自身稳定性。

6.5.3　构造要求

6.5.3.4　为确保支撑、嵌补体与崩塌体充分接触，支撑、嵌补体顶部距离崩塌体 50 cm 的范围宜采用膨胀混凝土。

6.6　抗滑桩(键)

6.6.1　一般要求

6.6.1.5　与抗滑桩相比，抗滑键具有工程量小，受力机理明确，可充分发挥混凝土和钢筋工程强度高特点优势；由于其结构特点，其主要适用于岩体完整性较好、厚层—巨厚层硬质岩滑移式崩塌。岩石强度小于 30 MPa 或破碎状滑移式崩塌不宜采用抗滑键。

6.6.2　设计计算

6.6.2.5　抗滑键两端连接均采用固定方式，滑面位置为抗滑键最大剪应力面，抗滑键设计计算主要是验算沿滑面位置和方向抗滑键抗剪能力能否满足要求。

6.6.3　构造要求

6.6.3.7　抗滑键锚固长度要求主要基于避免出现在极限状态下抗滑键出现倾覆、拔出情况，并充分发挥纵向钢筋受力性能因素。

参考水电水利工程边坡设计规范中抗剪洞与锚固洞的设计要求，结合既有抗滑键设计经验，提出了抗滑键锚固长度 2 倍桩径 D(圆形截面为桩径 D，矩形截面时，桩径 D 采用宽 B 高 H 之间的较大值)，且不应小于 3 m。

6.7　棚洞

6.7.1　一般要求

6.7.1.1　棚洞作为一种被动防护结构，其主要作用是对崩塌后的落石、滚石进行拦截和排导，避免滚石和落石直接危害被保护对象。其主要适用条件是崩塌落石频率高、崩塌落石单体规模不大情况下；对于单体规模巨大且高位发育，破坏后冲击力巨大情况应配合其他措施(如事先清除、锚固等)共同治理。

6.7.1.4　拱形棚洞、墙式棚洞整体稳定性好、刚度大及结构受力较好，且对地基承载力要求不高，适应于崩塌落石量较大，地基承载力较低地段；钢架式棚洞、柱式棚洞、悬臂式棚洞整体稳定性差、刚度较小，适用坡面落石量少，地基承载力高、非抗震地区。

6.7.2　设计计算

6.7.2.1　棚洞支撑结构主要采用两种结构形式：①简支支撑结构体系；②整体式——拱形支撑结构。

拱形支撑结构形式设计及计算可参照隧道明洞设计计算方法；对于应用最为广泛的简支支撑结构体系的棚洞设计及计算须注意以下问题：

简支支撑结构棚洞设计计算模型主要采用的是内侧水平支撑体系和棚洞支撑结构体系两种相对独立体系模型，其优点是计算模式清晰明确，缺点是一般设计偏于保守，存在较大的经济浪费问题。

若考虑棚洞内侧水平支撑体系与棚洞竖向支撑承载体系结构作为统一的一体的结构情况下，主要问题是对水平承载体系和棚洞支撑结构体系的协调变形及岩土体协调变形分析缺少有效明确的计算分析方法，各结构体系构件间受力不明确。为准确分析评价结构受力及其变形情况，推荐采用有限元数值模拟方式进行分析计算。

6.7.2.2　棚洞结构应采用概率极限状态法进行棚洞结构设计。棚洞整体稳定、地基基础稳定、结构构件稳定均应按承载能力极限状态设计；棚洞结构变形、裂缝应按正常使用极限状态设计。应根据施工和使用中结构上可能同时出现的荷载，按承载能力极限状态和正常使用极限状态分别进行荷载组合，并取最不利荷载效用组合进行结构设计。

a）对于承载能力极限状态，应按照荷载效应的基本组合或偶然组合进行荷载（效用）组合。

1）基本组合 1（可变荷载控制）：

$$S_d = \sum_{j=1}^{m} \gamma_{G_j} S_{G_j k} + \gamma_{Q_1} \gamma_{L_1} S_{Q_1 k} + \sum_{i=2}^{n} \gamma_{Q_i} \Psi_{ci} \gamma_{L_i} S_{Q_i k} \quad \cdots\cdots\cdots\cdots (1)$$

2）基本组合 2（永久荷载控制）：

$$S_d = \sum_{j=1}^{m} \gamma_{G_j} S_{G_j k} + \sum_{i=1}^{n} \gamma_{Q_i} \Psi_{ci} \gamma_{L_i} S_{Q_i k} \quad \cdots\cdots\cdots\cdots (2)$$

3）偶然组合：

$$S_d = \sum_{j=1}^{m} S_{G_j k} + S_{A_d} + \gamma_1 A_{Ek} + \Psi_{q_1} S_{Q_1 k} + \sum_{i=2}^{n} \Psi_{q_i} S_{Q_i k} \quad \cdots\cdots\cdots\cdots (3)$$

b）对于正常使用极限状态，应根据不同的设计要求，采用荷载的标准组合、频遇组合或者准永久组合进行荷载组合。

1）标准组合：

$$S_d = \sum_{j=1}^{m} S_{G_j k} + S_{Q_1 k} + \sum_{i=2}^{n} \Psi_{c_i} S_{Q_i k} \quad \cdots\cdots\cdots\cdots (4)$$

2）频遇组合：

$$S_d = \sum_{j=1}^{m} S_{G_j k} + \Psi_{f_1} S_{Q_1 k} + \sum_{i=2}^{n} \Psi_{q_i} S_{Q_i k} \quad \cdots\cdots\cdots\cdots (5)$$

3）准永久组合：

$$S_d = \sum_{j=1}^{m} S_{G_j k} + \sum_{i=1}^{n} \Psi_{q_i} S_{Q_i k} \quad \cdots\cdots\cdots\cdots (6)$$

对于特别复杂的棚洞结构设计可以采用有限元计算方法，对棚洞基础、斜柱及棚洞顶板以及边坡回填等进行综合分析，得到棚洞结构的应力、应变、变形和安全指标，再利用荷载结构计算方法，得出棚洞结构的内力；综合结构计算和数值仿真分析结构，对棚洞进行配筋。

对于地震烈度为 7 级及以上地区棚洞工程应进行抗震设计，具体可以参见《公路工程抗震规范》（JTG B02）要求。

棚洞结构上的附加恒载-设备荷载（包括照明灯具、内部装饰灯荷载等）、可变荷载（雪荷载、风荷载等）标准值按《建筑结构荷载规范》（GB 50009）规范取值。

6.7.3　构造要求

6.7.3.2～6.7.3.3　基于棚洞顶板梁板功能和结构形式类似于公路桥梁梁板结构，主要参考《公路桥涵设计通用规范》（JTG D60）有关要求。

6.7.3.8～6.7.3.9　棚洞边墙基底偏心距要求基本同于挡土墙一致，一般以压应力和偏心距控制，边墙较高时为避免拉应力过大，设计时还须适当控制截面拉应力，基底偏心距≤1/4 基底宽度一般均易满足。

6.7.3.10～6.7.3.11　棚洞缓冲结构层应根据棚洞设置的目的、用途以及地形地质条件、崩塌类型及规模综合确定。根据十几年公路、铁路的经验，缓冲结构层宜优先选用轻质、透水材料，宜可根据当地实际情况采用黏性土、粉细粒土或砂砾类材料，填料最大砾径不应大于 10 cm，填土厚度不宜小于 1.5 m。

棚洞缓冲结构层设置主要目的是缓冲落石冲击，避免落石直接冲击棚洞顶板，缓冲结构层的材料选择及计算主要是经验和结合成功案例确定，现阶段缺乏相应依据和成熟的计算模式。

6.7.3.12～6.7.3.13　缓冲结构层顶面应以能顺利排水为原则，在满足排水的原则下，填土坡度愈缓愈好，但考虑斜坡崩坠的石块，受雨水冲刷带来的泥石，以及坡面零星的坍塌，多堆积于坡脚附近，因而设计坡度一般为 1∶3～1∶5。

6.7.4　施工及质量检验

6.7.4.3　棚洞结构设计考虑内侧岩体与棚洞结构协调变形，并考虑岩体的弹性抗力时，边墙墙背回填应采用混凝土或浆砌片石回填，宜优先采用边墙同类材料回填。

6.9　挂网喷锚

6.9.1　一般要求

6.9.1.1～6.9.1.2　挂网喷锚防护具有性能可靠、施工方便、工期短等优势，但喷层外表起伏变化，视觉效果不佳，若采用现浇钢筋混凝土面板可改善美观度。可采用系统锚杆或局部锚杆维持边坡整体与局部块体的稳定。挂网喷锚防护应根据岩土类别、边坡高度、周边环境、局部与整体稳定性情况综合确定，可结合挡土墙、防护网等措施进行联合防护；根据陕西境内铜黄高速公路高边坡崩塌防治经验，公路两侧为几十米高软硬相间的泥岩、砂岩互层，清除放坡后采取了挂网喷锚治理。受岩层差异、岩性风化崩解、渗水与周期性冻胀、温度差异等影响，几年后面层开始逐步开裂，进而局部出现剥落、崩塌现象，影响交通安全，通过采取主动防护网加固，安全性明显改善，效果良好。

6.9.3　施工及质量检验

6.9.3.1～6.9.3.2　喷锚支护应尽量采用部分逆作法施工，这样既能确保工程开挖中的安全，又便于施工。但应注意，对未支护开挖段岩体的高度与宽度应根据岩体的破碎、风化程度作严格控制，以免施工中出现事故。对于泄水孔的位置选取，应尽量设于隔水层上部、节理裂隙发育、含水层等处，渗水量较大处应适当加密，对张性裂隙或破碎带发育，渗水量大时应考虑设仰斜排水孔等坡体内排水措施。

6.9.3.5　抗压强度是喷射混凝土质量检验的主要指标，试块制作的方法宜采用喷大板后再切割的方法，它与实际工程比较接近。但目前有不少单位不具备切割加工的条件，因此，也可使用150 mm 的立方体无底试模喷射成型，制作试块。

6.10　截、排水工程

6.10.1　一般要求

6.10.1.1　截、排水工程对提高崩塌稳定性的作用在稳定性分析时可不予考虑，作为设计安全储备。

6.10.1.4 截、排水工程应合理布局,应与主体工程及自然环境相适应。注重各种排水设施的功能和相互之间的衔接,并与地界外排水系统和设施合理衔接,形成完整、通畅的排水系统。截、排水工程设计应避免冲刷农田及水利设施,做好出水口位置的选择和处理,与水土保持及农田水利的综合利用相结合,防止水体污染。

6.10.1.5~6.10.1.6 土质崩塌地下排水设施的类型、位置及尺寸应根据工程地质和水文地质条件确定,并与地表排水设施相协调。应首先考虑采用仰斜式排水孔、盲沟及支撑渗沟等小型、施工简单、排水效果较好的工程措施。对大型、复杂或地下水影响较大的崩塌,可采用排水隧洞、集水井等大型排水工程措施,但应充分论证排水隧洞、集水井等本身的安全性及其施工对崩塌的扰动影响。

6.10.1.7 地表排水工程水力设计,应首先对排水系统各主、支沟段控制的汇流面积进行分割计算,并根据设计降雨强度和校核标准分别计算各主、支沟段汇流量和输水量,在此基础上,确定排水沟断面或校核已有排水沟过流能力。

对刚性材料的排水沟宜采用《渠道防渗工程技术规范》(SL18)的相关规定进行设计。

6.10.1.9 排水沟断面形状可为矩形、梯形、U形及复合型等。梯形、矩形断面排水沟,易于施工,维修清理方便,具有较大的水力半径和输移力,在崩塌防治排水工程设计时应优先考虑。

6.11 其他防护措施

6.11.1~6.11.2 坡面护坡工程包括砌体护坡、护面墙、骨架护坡等。砌体护坡可采用浆砌条石、块石、片石、卵石或混凝土预制块等作为砌筑材料,适用于坡度缓于1:1的易风化的岩石和土质挖方边坡。

护面墙可采用浆砌条石、块石或混凝土预制块等作为砌筑材料,也可现浇素混凝土,适用于防护易风化或风化严重的软质岩石或较破碎岩石挖方边坡,以及坡面易受侵蚀的土质边坡,单级护面墙的高度不宜超过10 m。对窗口式护面墙防护的边坡坡率应缓于1:0.75;拱式护面墙使用于边坡下部岩土层较好而上部需防护的边坡,边坡坡率应缓于1:0.50。

骨架护坡的作用是稳固坡面,防止剥落、碎落、冲蚀、坡面泥土和碎屑流动,适用于坡率不陡于1:0.75的土质和风化岩石边坡;骨架砌筑材料根据当地材料供应情况,选用片石、砖或混凝土预制块,也可采用现浇或混凝土预制构件;按照骨架形状可选用方型、菱型、拱型和"人"字型,视边坡坡率、土质和当地情况确定。骨架一般以10 m~15 m为一节,节与节之间设沉降缝,每级坡面的顶底缘和节边缘应浆砌或浇筑加固,间隔一定距离设检修梯。对于坡率陡于1:1的不容易刻槽的碎石土和风化岩石边坡,坡面直接覆土困难,一般采用锚杆将骨架固定在坡面上。骨架一般与植草组合护坡,骨架中间覆土便于植物生长,缓坡可直接填充耕植土,陡坡则码堆袋装土、码砌预制混凝土空心块或者挂网固土。

另外,还采用石笼护坡和抛石护坡,适用于水上或水下受水流冲刷和风浪侵蚀的挡土墙、护坡工程,对基础不易处理、局部冲刷深度和强度过大的沿河岸坡崩塌尤为适用。

生态防护工程包括坡面植物护坡和复合型生态防护等。植物护坡是通过种植草、绿化植生带、生态植被袋等对边坡进行防护的植被措施,一般适用于需要快速绿化且坡率缓于1:1的土质边坡和严重风化的软质岩石边坡。对于生态植物的物种及植物组合形式选择、设置范围及区域主要基于当地经验确定;复合型生态防护包括土工格室生态护坡、绿化板生态护坡、植被混凝土、骨架固土等。

对于黄土地区的崩塌边坡防治,根据陕西省公路勘察设计院编制的《黄土地区公路高边坡防护技术研究》(2004),该资料从大量调查分析,采用的边坡坡面防护措施如表2所示。

表 2　黄土高边坡坡面护坡技术一览表

防护技术		应用范围	
		最大坡率	最多级数
工程防护	挂网喷混凝土，厚 0.08 m	1∶0.5	不限
	浆砌片石护坡，厚约 0.3 m	1∶0.3	1～2
	浆砌片石护面，厚约 0.5 m～1.5 m	1∶0.3	1～2
	浆砌片石挡土墙，厚约 1 m～2 m	1∶0.3	1
	拱型骨架护坡，厚约 0.4 m	1∶0.75	1～7
植物防护	平台植树		不限
	液压喷播	1∶ 0.3	不限
	三维植被网植草	1∶0.75	不限
	喷混植草，厚约 0.06 m～0.1 m	1∶0.3	不限
	厚层基材喷播，厚约 0.03 m～0.1 m	1∶0.75	不限
复合型生态防护	平铺式土工格室生态护坡	1∶0.3	1～3
	叠置式土工格室生态护坡	1∶0.3	1～3
	绿化板生态护坡	1∶0.5	不限

上述防护防护效果情况为：①浆砌护面墙技术，防护效果显著，在大量的调查路段发现，凡是设置了护面墙的路堑边坡，边坡的剥落及冲刷现象得到了有效的控制。经过调查，陕北及关中东部地区的黄土，边坡下部剥落的高度一般在 5 m～8 m，关中地区 Q_3 黄土边坡下部剥落的高度一般在 3 m～5 m，Q_2 黄土边坡下部剥落的高度一般在 2 m～3 m，Q_1 黄土边坡下部剥落的高度一般在1 m～2 m。因此，护面墙设置的高度也应根据边坡的土质情况区别进行设置。②坡面植物防护，对水土流失均有良好的防治作用和明显的防治效果。从养护角度分析，平台植树方案最粗放，刺槐、火炬树是非常适宜在黄土高边坡平台上生长的树种。坡面植草宜在缓于 1∶0.75 以上的边坡上采用，黑麦草、沙生冰草、高羊茅、沙打旺、沙蒿、草木樨等是较适宜的草种。植物防护主要应在温暖带半湿润气候区、温暖带半干旱气候区和中温带半湿润气候区实施；在中温带干旱气候区降雨量很少，此区黄土高边坡宜采用工程防护；在中温带半干旱气候区，植物生长仍较困难，建议以工程防护与植物防护相结合。采用宽台陡坡台阶型坡型，平台植树是黄土地区公路高边坡植物防护的较理想技术之一。③坡面复合型生态防护技术，主要有平铺式土工格室生态护坡、叠置式土工格室生态护坡和绿化板生态护坡，从铜黄高速公路黄土高边坡植物防护效果观察，防护效果是较好的，在降雨量较少的黄土高原地区有较好的应用前景。④上述防护经济分析，陕西境内植物防护方案中，平台植树造价最经济，液压喷播植草次之，三维网垫喷播植草较贵，厚层基材喷播植草最贵，对于经济落后的广大黄土地区，选择造价较低的方案是明智之举。用全国公路建设总体水平，分析各种坡面防护工程的造价，植物防护工程仍是较经济的技术，所以，在条件许可的地区应采用植物防护技术或工程防护与植物防护技术。同时坡面复合型生态防护技术也是较经济的方法之一，可在广大黄土地区推广使用。但是，据调查，已建公路黄土边坡的植物防护在 1～2 年后开始出现不同程度的植物退化，表现为护坡植被遭受病虫害、枯萎退化、当地野草、微生物入侵，涵水固土的能力大打折扣。如何有效的防止边坡植物退化，还有待深入研究。

7 监测

7.2 监测设计

7.2.1～7.2.2 监测网由监测线(剖面)和监测点组成。监测网可分别建立高程网和平面网,以能全面监测其变形方位、变形量、变形速度、时空动态及发展趋势。防治工程变形测量的实施,应按国家变形监测对沉降或位移的规定,分别选定测量点、埋设相应的标石标志。

高程控制网的布设,宜布设为闭合环、结点网或附合高程路线,高程控制网可二次构网,分基本网、扩展网。扩展网可布设为闭合或附合高程路线。

平面控制网,宜按两个层次布设,即由控制点组成基准网、由观测点及所联测的控制点组成扩展网。基准网可采用测角网、测边网、边角网、导线网或 GPS 网;扩展网和单一层次布网可采用角交会、边交会、边角交会、基准线或附合导线等形式。各种布网均应考虑网形强度,长短边不宜悬殊过大。

7.2.4 监测点布置,应选择有代表性的部位布置仪器,注意时空关系,控制关键部位。埋设仪器位置,应选择能反映出预测的施工和运行情况,特别是关键部位和关键施工阶段的情况。在施工中尽早获取资料,并及时修正设计。

7.2.6 位于不动体上的基准点和照准点,作为绝对位移监测点,要避免误选在危岩体或其他斜坡变形体上,同时应避开陡崖卸荷带内和被深大裂隙切割的岩块,以消除卸荷变形和局部变形的影响。

7.4 监测期限及周期

7.4.4 对防治工程效果监测周期,应视灾害体的活跃程度及外部环境因素变化情况而定。在雨季15天或1个月测1次,干旱季节可每季度测1次。如发现灾害变形速度加快,或遇暴雨、久雨、地震等情况时,应及时增加观测次数。如发现有破坏的可能时,应立即缩短观测周期,必要时每天观测1次或数次。
